日本料理完全图鉴

王奕龙 著

中信出版集团 | 北京

图书在版编目（CIP）数据

日本料理完全图鉴 / 王奕龙著 . -- 北京 ： 中信出版社，2021.7

ISBN 978-7-5217-3140-8

Ⅰ . ①日… Ⅱ . ①王… Ⅲ . ①食谱—日本—图集 Ⅳ . ① TS972.183.13-64

中国版本图书馆 CIP 数据核字 (2021) 第 094352 号

日本料理完全图鉴

著　　者：王奕龙

出版发行：中信出版集团股份有限公司

（北京市朝阳区惠新东街甲 4 号富盛大厦 2 座　邮编　100029）

承 印 者：北京图文天地制版印刷有限公司

开　　本：787mm × 1092mm　1/16　　印　　张：16.5　　字　　数：123 千字

版　　次：2021 年 7 月第 1 版　　印　　次：2021 年 7 月第 1 次印刷

书　　号：ISBN 978-7-5217-3140-8

定　　价：88.00 元

服务热线：400-600-8099

投稿邮箱：author@citicpub.com

推荐序

“神町”的拉面端了上来，一大碗淡黄色的鸡白汤，葱丝点缀其上，浮出汤面的猪后臀尖叉烧像是黄浦江上半隐半现的游船，而溏心蛋黄如同倒映在江水正中的落日，火红欲滴。

新冠肺炎疫情暴发至今已经一年有余，延期一年举办的东京奥运会在坎坷中即将召开。在中国，曾受疫情严重影响的日本料理店，元气也渐渐恢复至新冠肺炎疫情暴发前。这家上海日本拉面店的入口，客人已从二楼玄关一直排到马路上，里面有本地人、有日本人，也有假期赶来的游客，凑个热闹也好，喜欢日本拉面也罢，这家店的喧嚣与火爆都让路人瞩目。

那天，就在这家淮海中路的日本拉面店里，我收到了一条短信，短信中王奕龙先生邀请我为他的新书撰写序言。

如果只是作为普通“吃货”，一坐下、一点单、一抹嘴，然后对食物评头论足，这其实门槛很低，谁都能做。然而想要将美食经验归纳成有逻辑体系的一整本书，要花不少心思和力气。5 年前，我也曾提笔撰写、出版过一本美食著作，深知“著作”二字之艰难和对自己考验之大。

美食，是日本最有影响力的文化元素之一，哪怕你并不在意吃喝，你也一定尝过各式各样的日本料理。如果你恰巧和我一样，也是个美食爱好者，那么日本的美食，绝对会占据你心目中分量极重的那一席。

日本料理博大精深，和品鉴其他美食一样，要想从中吃出更多的美味，需要付出更多的时间和更高的成本。

首先，吃日本料理要了解食材，知道吃了些什么。与其他著名国别料理相比，日本料理更注重对食材的本味和多样性的体现。正因日本四季分明，地形多变，所以它更善用不同特色和季节的多种食材。尤其是刺身和寿司，一顿往往五花八门，会有许多种类的食材呈现，对食客们识鱼辨菜的能力提出了一定要求。

其次，吃日本料理要了解菜式，知道菜的基本做法。日本料理有五大传统料理方式：生、煮、蒸、烤、炸。在一顿丰盛的会席料理中，这些手法几乎都会有所体现，每一道菜都有与之相对应的手法和含义。更何况现在流行厨师在吧台案板前现场烹饪，这使得食客对菜式和菜单有了更多理解，也可以更好地感受菜肴的美味。

最后，吃日本料理应该了解礼仪，知道该怎么吃。日本是个崇尚情怀的国家，有着匠人精神的料理原则、源远流长的饮食传统、细致入微的待客文化，在享受美好的饮食和服务的同时，我们也不应忽略对日本饮食文化的尊重和遵从。了解并遵守日本料理的就餐礼仪，会让食客们的美食体验得到更大的提升。

正因为这几年日本料理的流行，“吃货”们对日本料理知识也处于“嗷嗷待哺”的状态。然而，市面上有关日本料理的图书良莠不齐，菜谱多，知识性强的专著少。作为一个普通读者，我能从本书中感受到王奕龙先生对于日本料理品鉴的执着和热爱。全书逻辑清晰，内容深入浅出，图片丰富而精美，是一本难得的美食好书。这本书的出版，必将为国内的日本料理爱好者带来启发和影响，也希望更多的读者能在品尝美食的同时，努力探寻日本料理知识及其背后的人文情怀，那必将有更多的乐趣与收获。

微信公众号“食在十三”主理人

朱国梁

2021 年初夏于上海

前言

自 2007 年第一次去日本旅行，我就对在旅行期间吃到的精致日本料理产生了极大的兴趣。那时的我，被一枚抹着奶油，点缀着糖粉，精致得令人不忍下箸的草莓甜点震撼。从那以后，我便开始广泛涉猎日本料理，从路边的居酒屋、连锁的回转寿司店，到寻觅一个个“酒香不怕巷子深”的好店，探访一家家米其林星级的料亭（一种高端的传统日本料理餐厅），去品尝来自东洋的美味。

回想国内日本料理的发展历程，2010 年上海世博会日本馆人均价格高达 3 000 元人民币却场场爆满的怀石料理，可谓点醒了大家——“原来世界上还有如此高端的日本料理”——的启蒙之作。在此之前，中国的日本料理店大约还徘徊在回转寿司和居酒屋的水平，大家对于日本料理的印象还只是“生冷”“吃不饱”。而自那年起，日本料理在中国的发展终于有了转折点，人们开始认识到日本料理的美味，也对日本高端美食有了新的认识。这 10 年间，国内日本料理的发展突飞猛进，高级的日本料理店如雨后春笋般涌现。现如今，各大城市中，日本料理已然成为高端美食的代表，吃顿日本料理人均消费千元以上已经不是什么稀罕事，而新开的好店都会成为日本料理爱好者争相品尝和评论的对象。国内还有不少“吃货”达人，为品尝那些米其林星级的日本料理名店，而一次次专程前往日本。

日本料理博大精深，单是种类就不计其数——寿司、怀石料理、天妇罗、荞麦面、日本和牛，等等。更别说每一种日本料理还有许多细致的门道，讲究产地、时令和手法。吃日本料理绝不仅仅是饱腹充饥或解馋，更重要的是精神层面上的满足。品味日本料理给人带来的愉悦感，就像阅读一本文学巨著或是聆听一场古典音乐会，值得为之认真钻研，仔细品味。日本料理吃得越多，研究得越多，懂得越多，就越能吃出其中的美味，也就越一发不可收拾，最终被日本料理那无穷的魅力深深吸引。希望看完本书，你也能从日本料理中，吃出更多的美味和快乐。

王奕龙

2021 年 2 月 20 日

目录

日本料理印象

美食，是日本极富影响力的文化之一。日本料理之美味、服务之优雅、种类之繁多，让多少人一次次前往日本，只为一场大快朵颐的美食之旅。如果你对日本料理的印象还处于“生冷、清淡、吃不饱”，那么请来看一看我对日本料理的理解，是否对你有所启发。

日本料理并非完全生冷

日本人喜欢新鲜的食材，喜食生鱼片，但这并不意味着日本料理等同于刺身。日本料理的手法多种多样，烤、煮、蒸、炸，样样俱全，在一顿大餐中，主厨会照顾到这些手法的搭配。实际上即使是在寿司店，主厨也不会全部都用生冷食材，往往还会穿插热熟的“炙烤金枪鱼大腩”“炙烤鳗鱼寿司”等。因此，喜爱热食的朋友不必担心日本料理会过于生冷。

日本料理注重一个“鲜”字

相较于部分中国菜的浓郁重口，日本料理更加注重食材本身的鲜美。比如同样是汤，中国的高汤常为浓稠咸郁的鸡汤、鱼汤，而日本的高汤则多为昆布、鲣节制作的清汤。中国烹饪爱用火，煎、炒、烹、炸，惯下猛料，日本料理则多用清水，轻柔且优雅。有时厨师还会将新鲜的食材摆在客人面前现场制作。

吧台是最好的位置

大多数国家的餐厅文化都是“君子远庖厨”，客人基本上不知道厨房在哪里，而且就算知道，也是“厨房重地，宾客止步”。但日本餐厅的厨房欢迎被客人看到，这种能看到厨师制作过程的形式叫作割烹，在日本最为盛行。厨师正对面的吧台座位，也是全部席位中位置最好的“皇帝位”。因此去日本料理店吃饭时，不要首先找角落里的私密餐桌，而应大方地坐在厨师对面的吧台上，观赏制作，并与大厨交流互动。

日本料理种类繁多

日本料理的种类丰富多样，以至于无论去日本多少次，你都会感觉有吃不完的美食，吃不尽的菜肴样式。日本地形多变，从高山到海洋，从盆地到丘陵，这也造就了日本各地丰富多样的食材种类和料理手段，如寿司、关东煮、寿喜烧、涮涮锅、铁板烧、天妇罗、怀石料理、荞麦面、亲子饭，等等。同时，每个地方还有颇具当地特色的乡土料理，比如仙台市的牛舌、北海道的羊肉烧烤、茨城县的鮟鱇鱼锅、下关市的河豚、神户市的和牛、福冈县的博多拉面等。在日本，你会发现广阔的美食天地和各色料理。

日本料理讲究时令

日本对饮食的季节变化极为讲究。日本地形狭长，造就了其四季分明的气候，因此每一个时令都会有当季特有的美好食材。即便是同一家日本料理餐厅，每个月也会更新菜单，运用最新的食材、应季的菜式和摆盘，这正是品尝日本料理的一大乐趣。春天樱花盛开的时节要吃鲷鱼，夏天树木茂密的时候要吃香鱼，秋天漫天红叶的时节要吃秋刀鱼，而冬天白雪皑皑之时正是螃蟹最肥美的盛季。

日本料理让人感到物有所值

日本料理已经成为中国各大城市的高级餐饮的代名词，人均消费动辄上千元人民币。但实际上在日本吃一顿饭的开销并不算大，500 日元[①]就能吃一碗美味丰盛、带着好几片猪肉叉烧的拉面，比在国内吃到的一些面食还要划算；1 万日元就能吃上一家米其林星级的高级餐厅。相较于欧美发达国家的美食，日本料理的价格已经算是相当厚道了。

① 1 元人民币约为 16 日元。——编者注

第一章

すし ｜ sushi

认识寿司

人们对于日本料理的第一印象，往往就是寿司。寿司几乎已经成了日本料理的代名词，在世界各地开设的日本料理店，除了拉面便是寿司，可见寿司的受欢迎程度之高。在日本，寿司店总计 3 万多家，寿司是日本料理中首屈一指的美食类型。寿司店种类很多，从大家最先接触的回转寿司店，到大众化的平价寿司店，再到高端的米其林星级寿司店，应有尽有。

品尝寿司，是迈进日本料理大门的第一步，下面我们就来认识一下，什么是寿司。

すし | sushi

寿司的历史有上千年，是日本传统的食物。寿司亦作“鮨”，古代日本人将鱼肉用盐和米饭腌渍发酵，作为长久保存鱼料的手段，寿司的雏形由此而来。直到 19 世纪，江户人（江户时代的东京人）才将寿司发展成现在大家所熟知的模样——生鱼片和寿司饭团握在一起。

小提示：寿司（日语发音是 sushi）最初对应的汉字为“鮨”，在汉语中读作 yì，许多日本料理店的招牌上会出现这个字，专指寿司店。

用手将生鱼片和寿司饭团握在一起的寿司，叫作“握寿司”，也称“江户前寿司”。所谓“江户前”，意指江户（东京旧称）这片海域，可定义为东京湾。正因为握寿司发迹于江户，因此寿司料理以东京地区最为出色，去日本旅行的时候别忘了在东京品尝一顿地道的寿司。除东京之外，日本还有一些地方因渔获肥美，做出来的寿司也十分美味，如北海道西南部港口城市小樽和北陆地方的金泽市。

表示寿司数量的量词是“贯”。一合米（相当于 150 克米饭）能做出 10 贯寿司。在寿司店品尝寿司时，可以这样表达：“这贯寿司很好吃”“这个套餐共有 12 贯寿司”，等等。

寿司的种类

寿司的种类有很多，一片鱼肉和一团饭，能做出许多的花样来，除了最常见的江户前握寿司、军舰卷、加州卷，还有关西地方的箱寿司。下面列举日本料理中这 4 种常见的寿司类型。

握寿司 握り寿司 | nigirizushi

握寿司是最常见的寿司种类。由厨师把米饭和鱼类、贝类握合成一口可以吃掉的大小。握寿司看似简单，实际上，越是简单的食物越考验厨师的技艺，好的寿司店对食材的选用以及处理的工艺极其讲究，这些幕后工作非常重要，而“握”，只是制作握寿司的最后一个动作而已。

箱寿司 箱寿司 | hakozushi

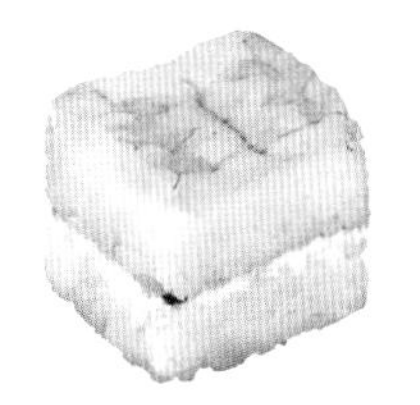

箱寿司是日本关西地方的寿司种类，看起来和握寿司很像，但制作方法有所不同。握寿司由手“握”而成，箱寿司则是将这些鱼类、贝类等放入木箱中压制后，再切块，所以有棱有角。箱寿司除了在大阪的寿司店能吃到，在怀石料理的八寸中也常见到它的身影。

军舰卷 軍艦巻き | gunkanmaki

军舰卷是将寿司用海苔裹成椭圆柱形，因其形状似军舰而得名。常见的军舰卷有鱼子军舰卷、海胆军舰卷、鹅肝军舰卷、贝柱军舰卷。因为食材本身比较松散，所以用海苔卷起的方式更易将其包裹住。军舰卷常在寿司套餐的最后一两贯中出现。

加州卷 カリフォルニアロール | kariforuniarōru

这种颜色花哨的寿司名叫加州卷。据说是因为西方人吃不惯生冷的刺身寿司，20 世纪 70 年代，日本厨师便在北美洲发明了这种改良寿司，并因在美国加州普及而得名。它通常由黄瓜、牛油果、蛋黄酱等西式食材制成，与日式传统寿司截然不同。

寿司的构成

以握寿司为例，寿司可以分为 5 个组成部分：醋饭和寿司料是最重要的组成部分，另外还有 3 个不可或缺的配料，分别是山葵、酱汁和姜。这 5 个部分共同构成了一贯美味的寿司。

醋饭

寿司用的米饭，并非白米饭，而是醋饭。醋饭对于寿司来说非常重要，常言道："六分米饭，四分鱼料。"好的寿司醋饭有以下 3 个特点：

1. 酸。不少寿司店的醋饭因为加有调料会呈黄褐色，而东京小野二郎系醋饭则更以酸闻名。

2. 温度。好的寿司既不冰冷，也不烫口，应当与人体温度保持一致，入口温和。

3. 空气感。外紧内松，米粒间注满空气，以寿司放在板上时有下沉现象为佳。另外，好的寿司醋饭不会过于松散，当食客用筷子夹起寿司时不应散架。

寿司料

寿司上覆盖的鱼或肉是寿司的主料。好的寿司店对主料的品质非常挑剔，通常，日本海鲜市场有专门的供应商提供最新鲜和品质最优的食材。

制作寿司的鱼肉未必都是生冷的，有时主厨会对其进行炙烤或煮熟。另外，鱼肉也并非越鲜活越好，有些寿司中的鱼肉需要进行腌制才好吃，比如新子（鰶鱼的幼鱼）。另外有些鱼肉则需要经过熟成，才能发挥食材的鲜美，比如金枪鱼。

小提示：熟成是什么？并非所有的鱼都是现杀的最好吃。除了贝类和乌贼越鲜活越美味，许多鱼肉都需要经过熟成处理才可达到最佳风味，如金枪鱼、鲣鱼、旗鱼常常需要熟成制作：经过若干天的放置，鱼肉中的水分蒸发，蛋白质分解，鱼的肌肉不再僵硬，最大限度地释放出鲜味的源泉——谷氨酸。高级牛排店中的牛肉通常也需要熟成处理（还会分为干式熟成和湿式熟成），以达到使肉质软嫩，提升风味的效果。

山葵

地道的寿司店用的并不是芥末，而是山葵。厨师会在现场用贴有鲨鱼皮的小砧板研磨山葵，以保证山葵的新鲜风味。

在高级的寿司店里吃寿司，通常食客是不需要自行蘸取山葵的，因为主厨往往已经将适量的山葵加于醋饭与鱼肉之间。当一贯寿司做出来放在你面前时，直接抓起来吃即可。

山葵
山葵是一种绿色植物根。真正的山葵价格高昂。

芥末
芥末是用芥菜种子研成的粉末，加州卷常用黄色芥末酱。

辣根
辣根是替代山葵的便宜货，常见于平价寿司店。

酱汁

寿司会被刷上酱汁，而在讲究的寿司店里，酱汁并不仅仅是酱油，厨师还会在其中加入味啉和昆布、鲣节高汤以提高鲜度，有些店家还会加入酒。

酱汁和山葵一样，通常也不需要由食客自己蘸。在制作寿司的最后一步，主厨会用刷子在鱼肉表面抹上适量的酱汁，因此食客直接吃即可。

姜

在吃寿司的过程中，腌制的姜片必不可少，它的作用是在两道寿司之间清口。每吃完一贯寿司，吃一片腌姜，立刻就可将味蕾重置，以便更好地品尝下一贯寿司。

除了姜片，寿司店常见的饮品是绿茶，绿茶也可作清口使用。

寿司的吃法

介绍了这么多寿司的种类和组成，那么寿司店会以什么样的形式为食客呈现美味的寿司呢？品尝寿司的时候又有哪些讲究呢？下面为大家一一解答。

Q1：江户前寿司店是什么样的？

传统地道的寿司店绝大多数是吧台形式，让食客们一边欣赏板前[1]的料理手法，一边品尝美味的寿司。吧台座位一般不会很多，10 个左右。除了吧台位，也会有包间可选。

吧台的位置是首选，因为这里最能体验到寿司之美，对食材及其处理工艺也能有更深的感受，而厨师也会更加认真地对待吧台上的客人。

Q2：寿司是一盘一盘上，还是一贯一贯上？

寿司对新鲜度十分挑剔，做好要马上食用。因此往往是板前做完一贯，放在面前的案板上，客人就吃一贯，而做好一盘全部端给客人的情况很罕见（只有坐在包间的客人才会有此服务）。

另外，最好是自己吃自己的寿司套餐，不要串着吃或分享。因为主厨对呈上的寿司是有先后顺序和口味安排的，是专为一人而做的。

Q3：地道的寿司吃法，是用筷子还是用手？

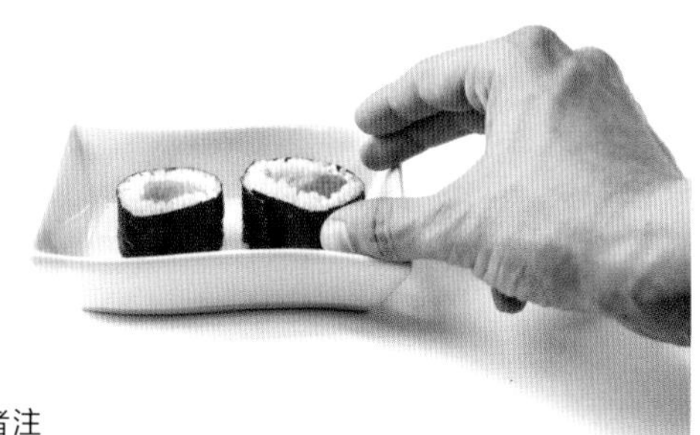

最地道的寿司吃法是直接用手将寿司抓起来吃，不必觉得这样不雅，大多数高级江户前寿司店都会默认食客会用手吃而准备手巾。

用筷子夹起来吃也无不可，但相较于用手抓，醋饭更容易散落。当然，主厨如果看到食客习惯用筷子，会着意将醋饭按压得更紧实一些。

---

① 从“站在菜板之前”引申而来，指日本料理店的厨师。——编者注

Q4：寿司菜单都有什么形式的？

除了回转寿司店可以自由选择寿司，正宗的江户前寿司店通常以套餐形式呈现，可以选择的套餐有“上”“极上”“特上”等几种类型。而更多的正宗寿司店是没有菜单可选的，采用主厨推荐形式（OMAKASE）。

一个寿司套餐一般由几个前菜和十来贯寿司组成。

OMAKASE

お任せ（まか）

OMAKASE 是什么？ OMAKASE 直译过来就是托付，即向主厨说：“今天吃什么都交给你了。”板前会根据当季食材来帮客人搭配，尽其所能地料理出一个套餐。这是高级日本料理餐厅里流行的点餐形式，不限于寿司店，天妇罗店、怀石料理店也经常出现。虽然少了自己选择喜爱食物的乐趣，但多了几分未知与惊喜。

Q5：放在手边的毛巾是干什么用的？

这是寿司店专为用手抓取寿司的客人准备的擦手巾，常为放在右手边侧立起或中间凸起的毛巾。拿取寿司后，用指尖捏住毛巾即可擦手。

值得注意的是，用这块毛巾擦嘴或擦脸都是有失礼仪的行为。另外还会有一条餐前或餐后给的湿热毛巾，也是用来擦手的，尽量不要用来擦脸。实在想擦嘴或擦脸时，应当用怀纸或自己携带的手帕。

Q6：吃一顿地道的寿司要多少钱？

便宜的回转寿司店人均消费在 100 元人民币以下；稍微高级一些的日本料理店，10 贯寿司套餐通常在 300~500 元人民币，这样的店已经可以做到运用不错的新鲜食材，现磨山葵，以及颇具仪式感地一贯一贯呈上寿司了。

高端寿司店中寿司的价格则可以非常高，日本东京的高端寿司店人均消费通常是 2 万日元起步。当然，只有在这些顶级寿司店里，才有可能感受到最优质的食材和最高超的手艺。

寿司图鉴

吃寿司的最大乐趣，在于能够品尝多种多样的寿司。寿司料种类非常多，对于时令、产地和部位也有很多讲究。在品尝寿司之前，最好先了解一下在寿司店会吃到什么鱼料、它们的产地以及应当拥有的风味。稍微做些功课，具有一定的知识储备后，再去吃寿司，你会有更深的感受，更容易体会到寿司的无穷魅力。下面为诸位介绍 16 种常见的寿司料。

金枪鱼

マグロ | maguro

tuna

［长约 3 米］

金枪鱼又叫鲔 [wěi] 鱼或吞拿鱼。金枪鱼绝对是寿司中的王牌、套餐里的主角。绝大多数寿司店都会用到金枪鱼，甚至在一个 10 贯寿司的套餐中，单是金枪鱼就会占到 3 贯。以日本青森县大间町捕捞的野生太平洋蓝鳍金枪鱼为最佳。

东京筑地市场的金枪鱼拍卖现场

* maguro 为“金枪鱼”日文的罗马注音，tuna 为其英文拼写。全书格式体例皆同此。——编者注

赤身

赤身 | akami

金枪鱼肉根据瘦肥，分成 3 种。赤身是金枪鱼背部的红肉（瘦肉），脂肪含量最少，呈鲜艳而迷人的大红色。因金枪鱼血是酸的，所以赤身也带有耐人寻味的酸味。

鲜红色，肉质湿润细嫩，金枪鱼血的酸味是天然调料，回味鲜香。

中肥

中トロ | chūtoro

中肥，也叫中腹、中腩或中脂，位于金枪鱼腹部大肥和背部赤身之间。中肥既有赤身的微酸甘甜，又有脂肪的丰盈肥嫩，是酸味与脂香的绝妙平衡。

比赤身更加肥嫩，入口半化，柔和甘香。

大肥

大トロ | ōtoro

金枪鱼最肥美的部位是大肥，也叫大腩或大脂，取自金枪鱼腹部，色泽粉白，入口即化。这是金枪鱼单价最高的部位，单点的话一贯要 100 元人民币左右。大肥又分为两种：霜降和蛇腹。霜降油花分布细碎，脂肪融合在鱼肉中，形成霜状纹理。而蛇腹部位有明显的筋肉，形同蛇的腹部。

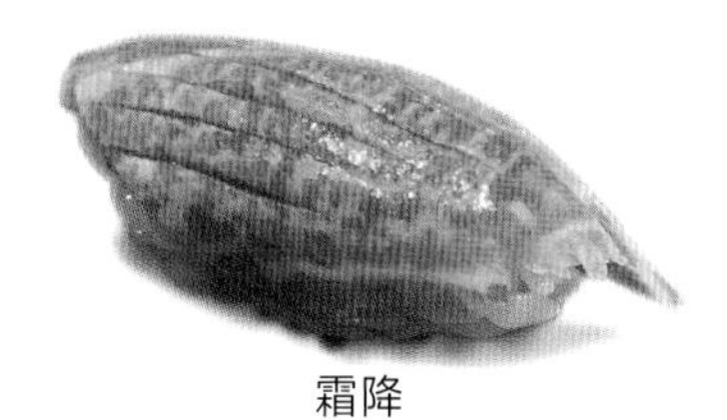

霜降

犹如顶级和牛，入口即化，肥美无比！

蛇腹

小提示：“トロ”（发音为 toro）是日语中专对金枪鱼肥肉的称呼，在国内有不少日本料理发烧友会把中肥称作“中 toro”，把大肥称作“大 toro”。

ヒラメ | hirame

比目鱼

flounder、sole fish

比目鱼裙边富含鱼脂，柔软肥美却又清爽甘甜，口感略有嚼劲。

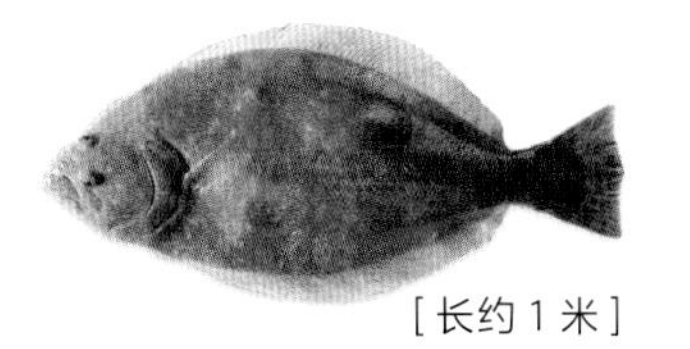

[长约 1 米]

比目鱼，也叫多宝鱼，在日语中叫作“鲆”。它属于白身鱼（肉呈白色）的一种，其中星鲽被誉为“白身鱼之王”。比目鱼口感清淡甘甜，通常在寿司套餐中的前几贯乃至第一贯出现。

部位以裙边（鳍边肉）为最佳。裙边是比目鱼极为稀有的部位，一条比目鱼只能产出极少量的裙边，因此价格高昂。

イカ | ika

[长约 40 厘米]

鱿鱼

squid

肥厚嫩白，略有嚼劲又十分滑润，滋味鲜美！

别看鱿鱼外表黝黑，削去外皮却是一副光洁的纯白肉身。鱿鱼绝对是寿司鱼料里白身鱼的典范——色泽雪白如玉，味道鲜美甘甜。鱿鱼不仅有嚼劲，而且细腻软糯，极具特点，令人过齿难忘。

小提示：寿司呈上的顺序通常为先淡后浓，由浅入深，大多以白身鱼（如鱿鱼、比目鱼、扇贝）寿司作为开头，然后是红身鱼（如金枪鱼）寿司，随后是光物（鱼皮呈银色，如竹荚鱼）寿司，最后是星鳗、鱼子等重口味的寿司。

アカガイ | akagai

赤贝

ark shell

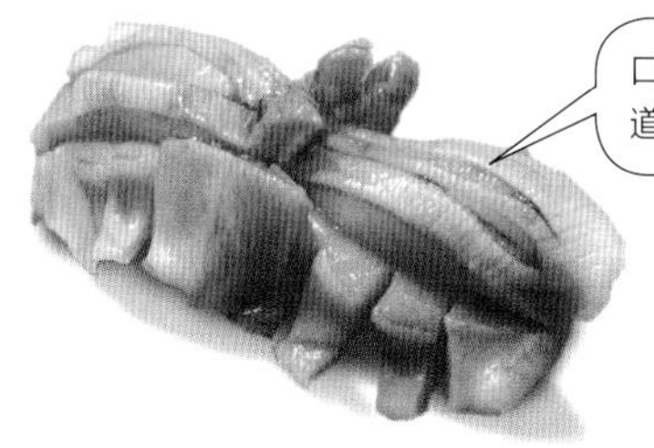

[长约 10 厘米]

赤贝寿司恐怕是最具观赏性的寿司。那鲜艳亮丽的颜色，那张牙舞爪的形象，还有板前在做赤贝寿司时，为激发其弹韧，“砰”的一下将赤贝摔在案板上的声音，都让赤贝寿司给食客们留下极其深刻的印象。

赤贝是贝类中的高级食材，是江户前寿司料的代表之一。

ホタテガイ | hotategai

扇贝

scallop

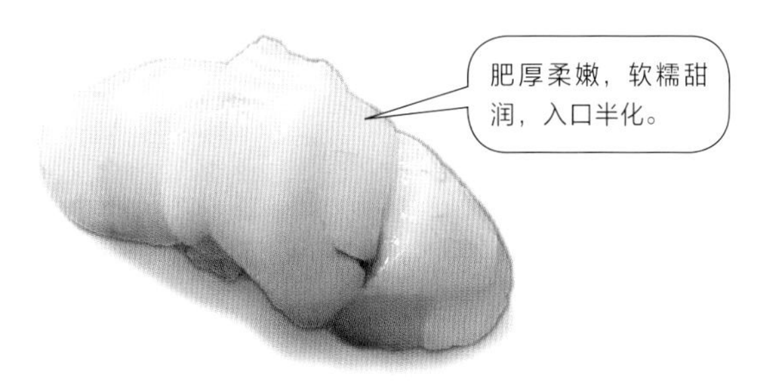

[长约 18 厘米]

扇贝，因其形象神似扬帆之舟，在日本被称为帆立贝。扇贝肉非常肥厚，并且汁液丰盈，味道甘甜，口感柔软。

扇贝产地以日本北海道为最佳。品质好的扇贝应当肥美且鲜甜，一口吃下去，甘甜的滋味在口中弥漫，如同甜品一般。

アジ | aji

竹荚鱼

jack mackerel

肉质肥美，口感却轻盈鲜嫩。

［长约 1 米］

竹荚鱼是很多日本料理爱好者心目中最爱的寿司料，它既有肥美的鱼脂，又具备甘甜的味道，小野二郎用“纤细、甘甜、清香”来形容它。竹荚鱼一向是脂肪与鲜味平衡的鱼料。

就品种而言，以大竹荚鱼最为美味和金贵。在日语中，大竹荚鱼写作“島鯵”或“縞鯵”（读音 shimaaji），被誉为“鯵中之王”。

サバ | saba

青花鱼

mackerel

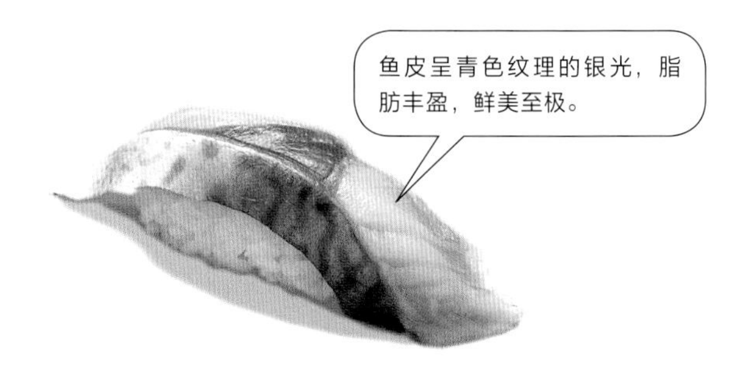

鱼皮呈青色纹理的银光，脂肪丰盈，鲜美至极。

［长约 50 厘米］

青花鱼因其背部有一道道青色的花纹而得名。它和竹荚鱼同属于银色鱼皮、粉红肉身的光物。

青花鱼的处理方法通常是用醋腌渍，以使鱼肉更加甘甜鲜美，滋味突出。以吃起来肉质肥美的青花鱼为佳。

コノシロ | konoshiro

鰶鱼

gizzard shad

鰶鱼是江户前寿司的高级鱼料之一，个头虽小但价格高昂。根据大小，鰶鱼有不同的称谓 ：7~10 厘米长的鰶鱼叫“小肌”（ 或“小鰭”），4~5 厘米长的幼鱼叫“新子”。

对鰶鱼的腌渍处理非常考验寿司师傅的技艺，从剔骨到腌渍，过程非常烦琐，且每一条鱼的腌渍时间都要以秒计时。一贯小肌寿司用鱼 1~2 条，而一贯新子寿司则要用鱼 3~5 条。因为食材昂贵，制作繁杂，所以只有在高级寿司店里才能看到鰶鱼寿司的身影，其中以小野二郎的鰶鱼寿司最为出名。

［ 长 5~25 厘米 ］

小肌

コハダ | kohada

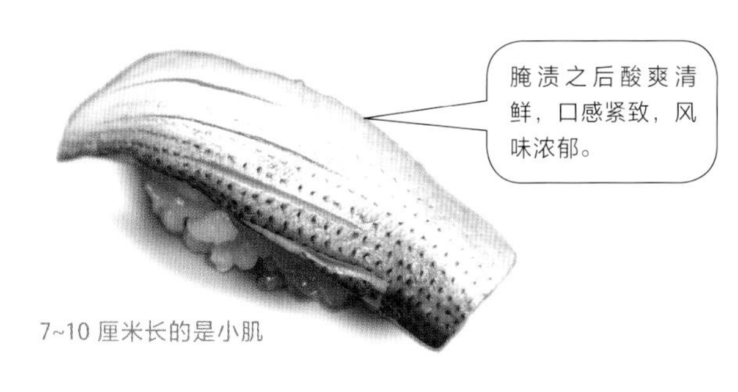

腌渍之后酸爽清鲜，口感紧致，风味浓郁。

7~10 厘米长的是小肌

［ 正在用盐和醋腌渍的小肌 ］

新子

シンコ | shinko

肉质紧实细腻，口感清新柔嫩，味道鲜美无比！

4~5 厘米长的是新子

アナゴ | anago

星鳗

sea eel

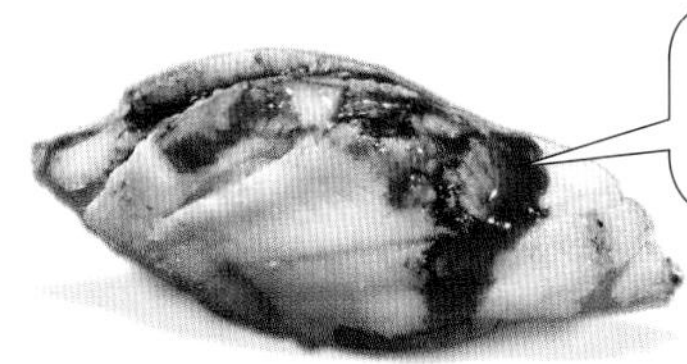

口感绵软，味道香
甜，入口后在嘴里
化开。

［长 30~60 厘米］

星鳗是海鳗的一种，在日语中叫作“穴子”，因其身侧有一排像星星一般的白色点状孔洞而得名。与普通鳗鱼（淡水鳗）不同，星鳗的体型较为精瘦，没有丰富的脂肪，因此口感细腻，味道甘甜而不油腻，肉质极为绵软。

寿司店惯常的星鳗做法是在煮熟的星鳗肉上涂抹酱汁。星鳗寿司味道浓郁香甜，经常作为寿司套餐中的压轴寿司出现。

タイ | tai

鲷鱼

sea bream

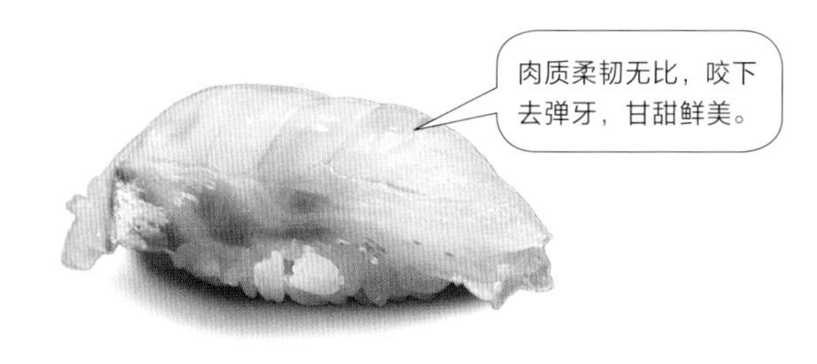

［长约 1 米］

鲷鱼在日本的鱼料中地位极高，被誉为“鱼中之王”。它深受日本人喜爱，不仅在寿司中常见，在其他日本料理形式中也均有出现。春季的鲷鱼最肥美，被称作“樱鲷”（与樱花同期）。

鲷鱼产地以日本明石市为最佳。穿梭在水流湍急的明石海峡，肉质紧致、富有弹性的顶级鲷鱼被称作“明石鲷”。

クルマエビ | kurumaebi

斑节虾

prawn

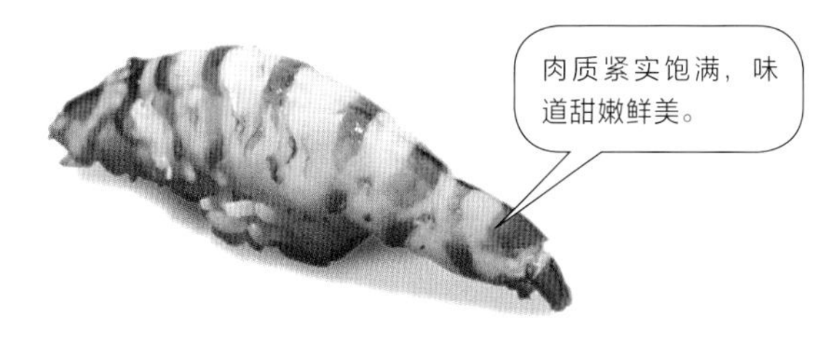

肉质紧实饱满，味道甜嫩鲜美。

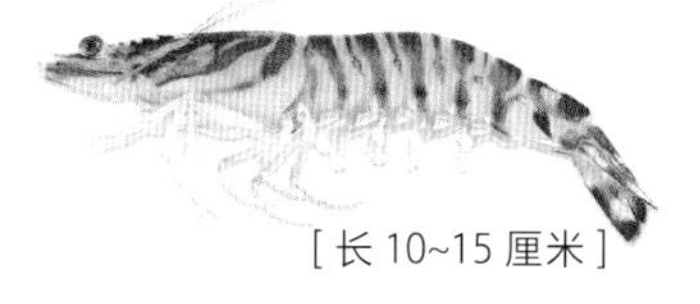

[长 10~15 厘米]

斑节虾也叫对虾，在日语中写作“車海老”（日语汉字“海老”就是虾的意思），其背部有一圈圈形同车轮的横斑花纹。

斑节虾是高级江户前寿司店中最常用的虾。斑节虾多不生吃，而是将活虾用开水焯熟后冰镇冷却，形成艳丽的红色条纹，以肉质饱满、甜嫩的斑节虾为上乘。

シャコ | shako

皮皮虾

mantis shrimp

比普通虾要鲜美，丰满厚实。

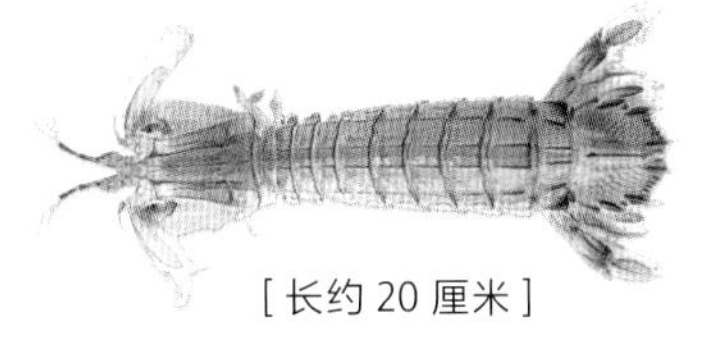

[长约 20 厘米]

皮皮虾也叫虾蛄，它的特殊鲜香非其他甲壳类食材可替代。煮熟后的皮皮虾为淡紫色，泛在其表面的白色物质为虾肉中溢出的脂肪，可见其肥美。

最好的皮皮虾是在春季，那时的“抱子虾蛄”最为肥硕，且味道鲜美，做成皮皮虾寿司绝对令人回味无穷。

イクラ | ikura

[长约 80 厘米]

三文鱼子

salmon roe

咸味和鲜味的比例刚刚好。

三文鱼也叫作鲑鱼或大马哈鱼，是日本料理中最常见的鱼类之一。三文鱼子通过盐和酱油腌制后，味道咸而鲜。

三文鱼子寿司常以军舰卷的形式呈上，吃的时候，伴随着烤海苔的香味，鱼子在嘴里一颗颗崩裂爆浆，甘甜的咸鲜味盈绕于唇齿之间。浓郁的味道让三文鱼子寿司常在寿司套餐的末尾出现。

ウニ | uni

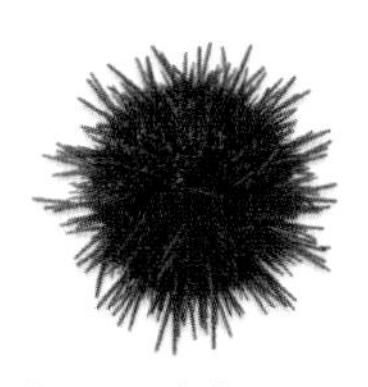

[直径约 10 厘米]

海胆

sea urchin

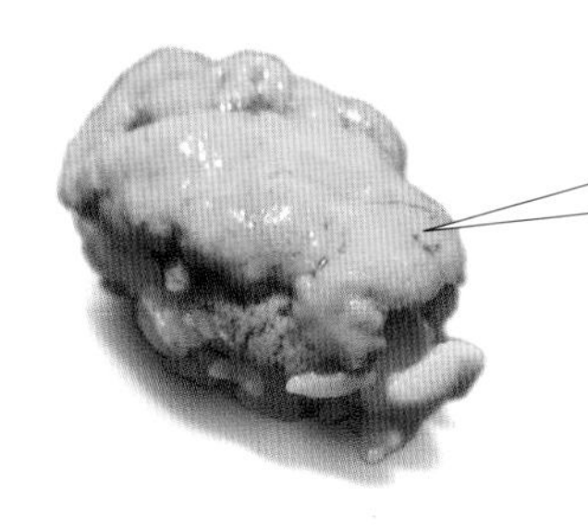

滑腻黏软的口感，鲜美甘甜的味道。

海胆在日语里有个美丽的名字：云丹。撬开带刺的黑壳，海胆里面是呈五瓣橙黄色的柔软物质，这是可食用的部位——它的卵巢。

海胆的产地以日本北海道为最优。以颗粒分明、甜度高、口感黏稠、味道浓厚的海胆为品质上乘。

フォアグラ | foagura

鹅肝

foie gras

点缀着鲟鱼子和海胆的炙烤鹅肝军舰卷。吃在嘴里，入口即化的肥美，汁水直流的香润！

鹅肝寿司在日本其实并不常见，但在国内却大受欢迎，甚至成为很多日本料理店的“压轴大戏”。这是因为鹅作为食材在日本不普遍，但是这并不意味着鹅肝寿司不美味或不入流。

肥厚饱满、香气扑鼻的烤鹅肝，伴着海苔和米饭，咬下去汁水四溢，迸发出浓郁的脂香，绝对让人一口就大满足！

たまごやき | tamagoyaki

玉子烧

rolled omelette

似蛋羹又像蛋糕，鲜嫩细腻，清香甘甜。

玉子烧中的“玉子”在日语中是蛋的意思，因此玉子烧也被称作“烤蛋卷”。它一般作为寿司套餐中最后一贯寿司。

看似简单，可真要做出一份外观美丽、色泽均匀、口感细腻松软、味道甘甜香浓的玉子烧，十分考验寿司主厨的技法和经验。因此玉子烧也被视为寿司店品质的试金石。

寿司的刀法

在吃寿司时，我们可以看到板前处理寿司料的各种刀法。在他们的高超技法下，处理完的鱼料拥有了丰富的细节——有的呈细条状，有的呈网格状，有的张牙舞爪，极具张力。

寿司师傅会根据食材本身的特点，运用相应的刀法。比如对于鲜美的白身鱼，用薄切更能体现其鲜度和通透；对于细腻黏糯的鱿鱼，用鹿之子切或细切，则更能呈现其完美的口感。

平切

最基本的生鱼片切法，横平竖直地切，多切为厚片，常用于处理金枪鱼。

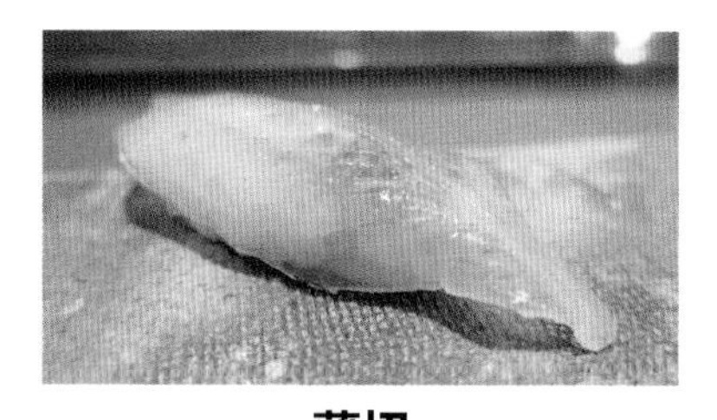

薄切

薄切，顾名思义，就是将肉切成薄片，常用于处理河豚、比目鱼等白身鱼。

鹿之子切

将鱼料表面切成网格状纹理的刀法，纹理纵横交叉似小鹿背上的斑纹，常用于处理鱿鱼。

细切

将生鱼片切成很细的条状。常用于处理鱿鱼等肉质富有弹性、比较难嚼的鱼类。

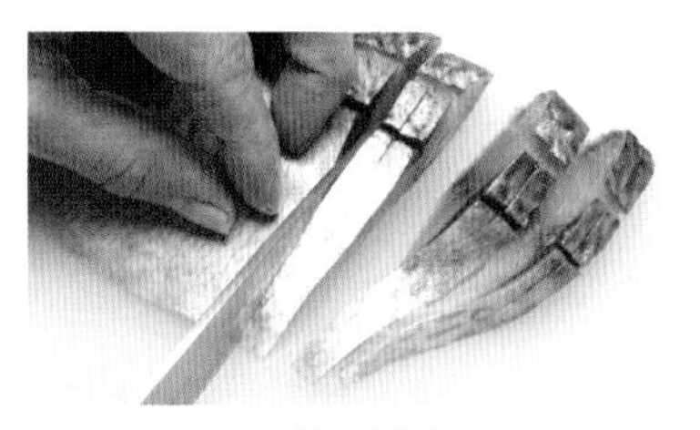

八重切

在平切的基础上，再在鱼料中间划上一刀，而这一刀切口浅，不切断。多用于处理青花鱼、鲣鱼等。

蝶切

将鱼类、贝类从中间切开，形成蝴蝶状造型的切法。常用于处理鲍鱼、赤贝等。

红身鱼（如金枪鱼）平切

鱿鱼薄切

日本乡土寿司

寿司在日本的历史已有千年，除了常见的握寿司，日本的不同地区还发展出各种各样具有当地特色的乡土寿司，在日本旅行时可以留意品尝。下面介绍 8 种知名的日本乡土寿司：

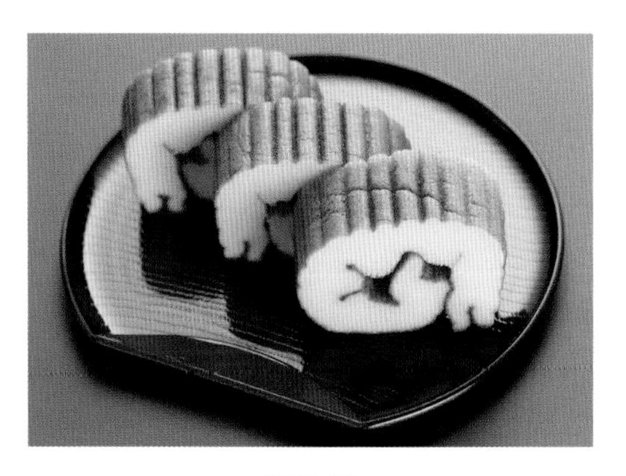

伊达卷

铫 [diào] 子市

伊达卷外层包裹一层玉子烧，因外观金黄，十分喜庆夺目，经常用作日本新年的正月料理（御节料理）中的御节菜肴。

岛寿司

伊豆诸岛

岛寿司是位于东京东南部太平洋海域的伊豆诸岛的当地特产。将当地渔产切成薄片，用酱油和砂糖进行腌渍，和握寿司很像，不过味道更加甜腻。

鲭鱼寿司

关西地方

鲭鱼寿司是日本关西地方的特产寿司，也属于京都有名的京料理，在吃怀石料理时经常会遇见它。鲭鱼寿司是箱寿司的一种，寿司料为腌渍过的青花鱼。

柿叶寿司

奈良

奈良与京都距离很近，因此寿司很类似。奈良的也是鲭鱼寿司，但包裹寿司的材料并非竹叶，而是柿子叶。柿叶的苦与醋饭的酸中和成清香的口感，并消除了鱼腥气。

酒寿司

鹿儿岛

鹿儿岛特产“酒寿司”是散寿司的一种，即不捏成单个的寿司，而是呈散饭的形式。将鹿儿岛的名产海鲜——丁香鱼、虾、鲷鱼、章鱼等满铺于饭盆之上，然后浇上鹿儿岛当地出产的酒，变成酒泡饭。

饭寿司

北海道

北海道的饭寿司使用三文鱼和鳕鱼等，加入米曲和红萝卜丝、白萝卜丝等蔬菜一起腌渍、发酵、熟成。别看其貌不扬，这可是北海道著名的冬季美味。

冈山散寿司

冈山县

在江户时代，冈山藩藩主颁布禁奢令，结果冈山人民偷偷发明出了这种木盒外表看似朴素无华，实际上里面却包藏大鱼大肉、丰富奢华的散寿司。

鳟寿司

富山县

富山不是富士山，而是日本本州岛北部的一个物产丰饶的小城。每年，樱鳟会从富山县神通川逆流而上，当地便将樱鳟腌渍后，包于竹叶中做成美味的鳟寿司。

寿司餐厅推荐

从屋台[①]式的小店，到人均百元的回转寿司店，再到千元以上的高端寿司店，寿司可选的档次应有尽有。如果想要体验寿司的美味，并对寿司入门的话，建议大家先从地道的、不太贵的江户前寿司店开始吃起，这样可以对寿司料的种类、产地和口味有所了解。

大和寿司

大和寿司

人均消费：300 元人民币

地点：日本东京丰洲市场

原在筑地市场旁的大和寿司，随着市场一起搬迁到了丰洲。这家寿司店堪称全日本最火爆的两家寿司店之一（另一家是寿司大），曾经排队时间至少为 1 小时（搬迁后基本不用排队）。大和寿司只在 5：30~13：00 营业，主厨推荐式套餐约 5 000 日元。店铺虽小，但价格实惠，水准很高。

数寄屋桥次郎

すきやばし次郎

人均消费：2 100 元人民币

地点：日本东京六本木

数寄屋桥次郎是一家头戴无数光环的寿司神店，我推荐“寿司之神”小野二郎的次子小野隆士的六本木分店。其寿司的口感和质量与银座本店并无二致，气氛却更加轻松，允许拍照，还不像本店那般强制半小时内必须吃完 20 贯寿司，因此食客在这里能够拥有更加愉快的用餐体验。如果不是非要吃经“寿司之神”的手捏过的寿司，那么这家店足矣。

喜寿司

㐂寿司

人均消费：800 元人民币

地点：日本东京人形町

喜寿司是拥有近 100 年历史的江户前寿司老店，既非米其林星级餐厅，也没拿过日本美食网站 tabelog（食べログ）奖项，但它做的是非常地道的正统江户前寿司，是寿司老饕们的最爱。午市寿司套餐大约 5 000 日元（8 贯），晚餐则更加丰盛，需大约 2 万日元。

---

① 日本传统的街边小吃摊。——编者注

凤寿司

人均消费：500 元人民币

地点：北京市东城区

位于京城小胡同内的凤寿司，是良心寿司店的代表，因手艺高超、食材优质、价格公道，成为许多北京的日本料理爱好者的“食堂”。这里的午市寿司套餐大约需 300 元人民币，晚市则为大约 800 元人民币的会席料理。凤寿司是寿司初尝者或老饕都值得前往品尝的日本料理店。

然寿司

人均消费：2 000 元人民币

地点：北京市东城区

然寿司可谓“帝都”日本料理圈的一个标杆式存在，在大众点评中被评为“黑珍珠二钻”，是众多日本料理爱好者心目中的日本料理圣地。然寿司位于胡同里的一个小房子，只有 8 个吧台座位，只开设晚餐，分为 18：00 和 20：00 两场，没有菜单，1 980 元一位。

鮨驰

人均消费：680 元人民币

地点：上海市虹口区

放眼全国，恐怕没有哪家寿司店能比鮨驰性价比更高了，680 元人民币一档的套餐，单是寿司前的酒肴就有 6 道，主角为 12 贯寿司，食材产地和品质极佳，另外还有餐末的味噌汤和甜点。要注意的是，必须提前一天预约，因为菜肴都需提前准备。

前川寿司

人均消费：1 000 元人民币

地点：上海市徐汇区

开业于 2008 年的前川寿司，是上海最早一批高端寿司专门店之一，它让上海的日本料理爱好者有机会一睹高端寿司的风采。从前川寿司出来的徒弟都已经自立门户，在上海外滩经营的寿司店做到人均消费近 2 000 元人民币了，而前川本人，还是默默地在古北一隅忙碌着。

寿司食记

鮨龍 |“帝都”寿司的新高度

地点：北京　用时：1.5 小时

人均消费 1 680 元人民币

亮马河畔，大概是北京的日本料理餐厅最为集中的地段。在使馆林立的静谧小道间，总会隐藏着一些“酒香不怕巷子深”的高级料亭。

黄昏已过，夜色朦胧，走进一条幽暗的狭窄小巷，经过地图显示的美国大使馆旁的“存包处”，便到了汇聚了不少外国餐厅却又人迹罕至的小院子——草场。“深藏不露”，大概是形容北京的高端餐厅最恰当的词汇。

北京草场

草场院子的尽头，便是这家被许多日本料理爱好者称为“京城第一寿司”的鮨龍。《2020 北京米其林指南》发布，它也很荣幸地成为唯二获得“米其林餐盘奖”的日本料理店（另一家是桐寿司）。

主厨黎文龙先生来自中国香港，曾工作于 Ginza Onodera（银座小野寺，其纽约分店获得过米其林二星）。他先在中国香港，后于日本进修，接着来到北京担任桐寿司主厨，并于 2018 年创立了以自己的名字命名的寿司店。店内只做主厨推荐套餐，分为 1 680 元人民币、2 580 元人民币和 3 280 元人民币三档，价格已堪比日本东京的高端寿司店，品质如何，让我们拭目以待。

推开大门走进玄关，再经过一扇玻璃自动门，入座而四顾：店面装修得很有日本传统寿司店的韵味，吧台位置总计 10 个，后面还有包厢可容纳几桌客人。

正前方的台子上摆放着红色“米其林餐盘奖”的奖牌；左侧刀架上架着几把日本刀具名匠玄海正国于 20 世纪 80 年代打造的名刀，每把刀都价格不菲。右侧则是一台手工打造的名贵古法冰箱，不用插电，只靠上层的冰块制冷。

我正看着，第一道酒肴呈上来了。

酒肴 1

三文鱼子茶碗蒸

掀开盖，一抹明晃晃的橙色映入眼帘，一勺入口，伴随芥末的辛辣、蒸蛋的香嫩，Q 弹的鱼子在口中迸发出浓郁的鲜味。

刚撤下吃完的茶碗，厨师便在我面前放了一片方形海苔，随后一个银色器皿里有着 4 种颜色的美丽菜肴登场了。

酒肴 2

鲔突先小白虾配鱼子酱

这是 3 种顶级的鲜美食材：“鲔突先”是金枪鱼头部位置的肉，是极为稀有的食材，味道浓郁且鲜肥；“小白虾”是产自日本富山湾的名贵小虾，经手工去皮，虾肉细腻黏糯又甘甜；黑色的鲟鱼子酱更是高级货色。三者裹在香脆的海苔里，交相辉映，共同演绎出一道精妙绝伦的酒肴。两道酒肴过后是寿司，连上了 3 贯。

寿司 1

金目鲷

来自日本新潟县，有着宝石般色泽的金目鲷，经昆布渍过，入口甜美油润又丰腴。紧接着呈上的第二贯寿司是冬季肥美的寒鰤鱼。

寿司 2

寒鰤

顶级的富山县冰见寒鰤上面撒了五彩芝麻，提鲜增味的同时还颇具观赏性。鮨龍的醋饭分为两种，主厨会根据鱼种的不同选用不同的醋。米味微酸，平衡了鱼料丰盈的脂味。

寿司 3

针鱼

背负银光的针鱼是严冬时节的上等鱼种，其白色的肉质呈半透明状，鲜嫩肥美。不同于其他寿司店先酒肴再寿司的顺序，鮨龍将酒肴穿插在几贯寿司之间，让上菜节奏起伏跌宕，如同极具激情的交响乐章。

酒肴 3

慢煮鮟鱇鱼肝

这道酒肴是将一大块香浓的鮟鱇鱼肝用“最中”（一种日式饼）的形式夹起来，上面点缀奈良渍、芥末和紫苏花。鱼肝如奶酪般细腻丝滑，油香化开，留一抹甜鲜的尾韵。

寿司 4

金枪鱼大腹

终于到了金枪鱼环节，这次选用的是加拿大产的体重为 176 千克的野生金枪鱼。大腹经过 9 天的

熟成，香气强烈，色相极好，粉里透着白，脂肪纹理均匀且细腻。与它搭配的是浓赤醋饭，酸味鲜明，鱼米十分契合。

寿司 5

醋青花鱼

这贯白板昆布渍青花，是鮨龍的招牌寿司。果真名不虚传，味道层层递进，将旨味、清爽和肥美完美融合，余味悠长。

寿司 6

活扇贝

扇贝肥硕肉厚，随着牙齿的咬下，贝肉的鲜甜充满整个口腔，甘甜得如同吃下一大颗软糯的糖，一口即让人瞬间满足。

随后是一贯江户前寿司的经典贝类——赤贝。

寿司 7

活赤贝

赤贝以漂亮的蝶切呈现，将贝肉往案板上一摔，“砰”的一声，贝肉渐缩，口感更加紧实弹脆。

酒肴 4

炭烤甘鲷立鳞烧

厨房的一角升起了旺盛的炉火，原来是在制作甘鲷立鳞烧。这是甘鲷的一种高级做法，其美妙之处在于鱼肉鲜美，鱼鳞香脆。搭配萝卜泥和柠檬解腻。

寿司 8

北海道海胆

这贯海胆寿司并非用筷子夹起来或用手抓起来吃，而是用勺子在盘里挖着食用。产自北海道根室市的马粪海胆，如同奶油一般丝滑黏糯，在咀嚼中，浓稠的甘甜慢慢释放开来。

寿司 9

筋子西京味噌渍

所谓筋子，即鱼的卵巢，去膜的筋子即鱼子。这贯寿司是将三文鱼筋子用西京味噌腌渍。品尝时，黏牙的微妙口感，伴随着鲜美的汁液弥漫，随后甜味在口中萦绕、回荡。只有真正吃过才能体会其美味，十分有冲击力。

寿司 10

特制铁火卷

铁火卷即手卷，用海苔包裹金枪鱼赤身肉泥和醋饭做成。

鮨龍在细节上下了许多功夫，比如寿司旁的清口酱菜，里面不仅有常见的生姜片，还有葫芦、红酒茗荷和牛蒡，用料丰富且讲究。

寿司 11

玉子烧

最后一贯寿司——玉子烧，上面印有店名LOGO（标识），颇具特色。吃起来口感极为细腻，味道甜嫩，如同吃布丁一般，品质很高。

酒肴 5

赤味噌汤

以一盅赤味噌汤作为主食的收尾，香浓而温暖。

果物

静冈香瓜、丰水梨、奈良柿

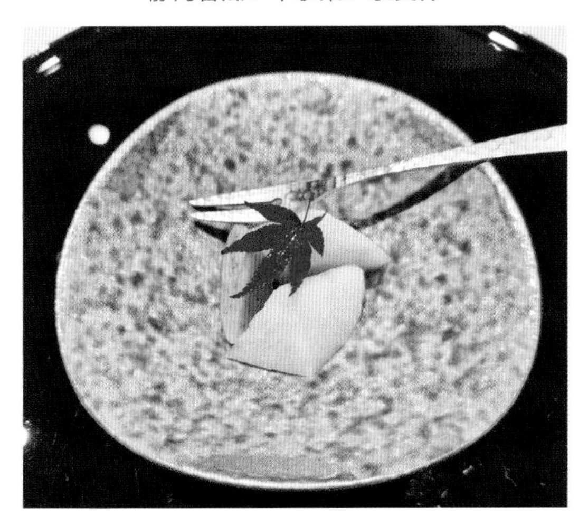

餐后果物用了 3 种顶级水果，很见诚意，再点缀一枚秋季的红叶，美丽动人。

口味由淡及浓，丰水梨甘脆清香，奈良柿甜嫩多汁，日本静冈县产的香瓜则丰满柔软，拥有浓郁的甜味。

水果之后还有一道精致的甜品。

甜点

宇治抹茶布丁

由宇治抹茶制作而成的布丁为整餐的收尾。这款甜点拥有极为动人的艳绿色泽，茶味浓郁且厚重，布丁细腻又香嫩，中间点缀了一颗甜糯的黑色蜜豆。

5 道酒肴，11 贯寿司，以及一道餐后水果与甜点的饕餮寿司盛宴到此结束。此时这间寿司店里已经坐满了前来品尝顶级寿司的食客，就连两个包厢里也是热闹不已。

走到店外，北京的夜晚寒气逼人，草场依旧寂静无人，经过来时的那条宁谧小巷，我突然有种恍如隔世的感觉。

第二章

かいせき ｜ kaiseki

认识怀石料理

怀石料理是公认的日本料理的最高形式，它有着极具仪式感的茶道和禅宗礼仪、考究的菜单结构和丰盛的时令菜肴、优雅体贴的女将服务，以及日本独特的艺伎表演。

一套流程完整的怀石料理通常包含 10 余道菜肴，分别为“先付”“八寸”“向付”“椀物”“烧物”“箸休”“强肴”“酢物”“御饭”“水物”等。一顿怀石料理晚宴的时长可达 3 小时，由手艺精湛的大将（主厨）倾其绝学、尽其心血打造而成。作为高端日本料理的代表，一餐正宗的怀石料理人均消费动辄 1 000 元人民币以上。这一章就带大家了解一下和食[①]的最高境界——怀石料理。

所谓怀石，相传源于僧人在坐禅时，于怀中放上炉火烤热的石头以对抗饥饿。怀石、禅学和茶道，三者关系甚密。怀石料理的诞生，起源于日本的禅宗茶席。其最初形态为在茶道过程中，怕客人饥饿而请客人吃的小料理，通常由“一汁三菜”构成，因此怀石料理也被称为“茶怀石”。

怀石料理的就餐环境与茶室极为相仿，常常是“数寄屋造”的日式建筑样式；礼仪也与茶道类似，在餐尾会提供抹茶与和果子；料理哲学也与茶道一脉相承，寂静、祥和、优雅、自然，乃是怀石料理的主题。

① 泛指日本的饮食方式。——编者注

“和食”于 2013 年被列入《世界遗产名录》(非物质文化遗产)，而怀石料理是和食的代表料理。日本的怀石料理变幻莫测，虽然菜单结构类似，可每家的菜肴不尽相同。每位主厨都有自己对于产地的理解、对于季节的把握和对于料理的思索，因此呈现出来的菜肴也全然不同。

《世界遗产名录》

在世界各国的美食中，恐怕没有一个国家像日本这样追求时令。可以说，和食正体现着日本丰饶的季节美味。日本是个形状细长的国家，北至寒冷的北海道，南至热带冲绳岛，纵跨 3 000 千米，四季分明，且四面临海，汇聚了北太平洋、日本海、鄂霍次克海、中国东海的丰富天然渔产。得天独厚的地理位置造就了日本极富季节变化的渔获和农产。

不论是制作寿司、天妇罗，还是制作怀石料理，厨师都会随着季节的变化，选用当季出产的最肥美的新进食材。而和食中，最能体现日本季节时令的料理，非怀石料理莫属。品味四季的变化，正是品尝怀石料理的一大乐趣。

怀石料理可以说是日本料理之集大成者，其以名贵的山珍海味作为基本素材，集合了生、蒸、煮、烹、炸、烤、渍等多种料理方式。如果说中国料理善用“火”，造就浓厚的滋味，那么日本料理则善用“水”，追求体现食材原本的鲜美。

除去对于料理本身的精益求精，怀石料理在器皿、摆盘以及房间的陈设和庭院的布景上也极求完美。作为食客，品尝一次极致的高级怀石料理，绝对是品味日本美食文化的终极体验。

怀石料理名词解释

日本的怀石料理十分高深，在刚刚接触怀石料理时，可能会有许多专有名词困扰着我们，例如“割烹 XX”是店的名字吗？点餐时，菜单上总写着“XX 会席”，那么“会席”到底是什么意思？为什么许多餐厅中的字画上总写着“一期一会”四个字？为何很多资深“吃货”管高级餐厅中的女服务员叫“女将”？下面就为大家对怀石料理中的常见词汇做一番解释。

这个词汇，来源于日本茶道，“一期一会”乃是茶道的重要精神，意指一生或许只有一次的相会，当下时光不会再来，应当极力珍惜这次相遇，力求完美。怀石料理和茶道密不可分，因此“一期一会”也是怀石料理的座右铭，这四个字经常出现在餐厅的书法、画作中。因季节、环境和时机不同，经历也会有所不同，食客和厨师都应把握这稍纵即逝的人生瞬间，心意相通，互相珍惜。

和敬清寂

“和敬清寂”由日本“茶圣”千利休提出，被认为是日本茶道精神的重要宗旨。同时，这一词汇也是日本料理、日本美学乃至人生哲学的重要精神。“和”指的是和平、和谐，即主宾相互敞开心扉，创造友好的环境氛围；“敬”表示应时刻对对方表现尊重和谦敬；“清”指的是纯洁、无杂念的心灵，不沾染世俗的心态；而“寂”则表达了佛家的淡泊与舍得。

和敬清寂的理念在怀石料理的菜式、器皿、服务、建筑形式中均有体现。

会席 | 怀石

在日语中,“会席”与“怀石”的发音相同(都是 kaiseki),经常被混淆,不过二者都是非常丰盛的饕餮大餐。若说本质区别,怀石料理代表的是茶道,常被称作“茶怀石”,它讲究的是精湛的技法和具有仪式感的用餐礼仪,并以深邃的禅意表达日本料理之美;而会席料理代表的是宴席,在席间把酒尽欢、开怀享乐,讲究的是排场和热闹。温泉旅店中的晚宴通常是会席料理,而米其林星级料亭则为怀石料理。

割烹 | 料亭

割烹和料亭是怀石料理中两种常见的餐厅形式。“割烹”指的是有吧台席位的餐厅,可以一边观看板前做菜,一边品尝料理,有些时候板前即为服务员,兼顾上菜、撤盘和倒水等。具有代表性的割烹形式怀石料理餐厅有日本京都的“千花”、大阪的“弧柳”。

料亭通常为传统正宗的高级怀石餐厅,店内一般有若干个室(包间),没有吧台席位,建筑样式通常为数寄屋造,有穿着和服的女将服务,还可以请艺伎表演。京都的“中村”“吉兆岚山”都是典型的料亭。

什么是数寄屋造? 这是日本的一种建筑样式,“数寄”是喜好茶道、花道等高雅之事的意思,“数寄屋造”则指运用了茶室建造手法的建筑样式。这种建筑样式古香古色,通常设有日式庭院,古朴而优雅,极具禅意和茶道之美。

一汁三菜

起初，怀石料理为茶道的餐食阶段，在举办茶会时，主人会提供食物给客人垫腹，而“一汁三菜”的茶道餐食形式，是由日本“茶圣”千利休确立的，它指的是三道菜（一道主菜和两道配菜）、一碗汤和米饭。它们共同构成和食的最初形态，直到今天都是日本餐食的标配。

后来随着餐饮的发展，怀石料理脱离茶道，独立出来，内容日益奢华，摆盘愈加精致烦琐，形式也隆重起来，菜式越来越多样，多达十几道菜肴，超过了“一汁三菜”的形式限制。

千利休究竟何许人也？ 千利休（1522 年—1591 年）是日本战国时代最著名的茶道宗师，集茶学之大成的茶人，千家茶道的鼻祖。他将禅的寂静意境融入茶道，发明草庵茶室（其对立面为奢华的黄金茶室），对后世的茶道文化影响深远，当时被织田信长赏识，被尊为“天下第一茶匠”和“茶圣”，后来因触怒丰臣秀吉，切腹自尽。

精进料理

“精进”取意于日本佛教精神。精进料理即素食料理，它在公元 6 世纪时经印度和中国传入日本。精进料理和怀石料理类似，都属日本传统且丰盛的大餐，区别只在于前者主张素斋，肉、蛋、奶等荤菜都不会被使用，常用豆腐、蘑菇等食材。

日本东京的醍醐、京都的奥丹都是品尝精进料理的名店。

大将|女将

怀石料亭中将主厨称为“大将”，对于穿着和服的老板娘，则称之为“女将”。

女将服务是日本独特的服务文化，她们坚守着日式传统的服务礼仪，所谓盛情礼遇（おもてなし），即至诚之心和周到体贴的待客之道。女将服务常见于传统的高级餐厅和日式温泉旅店之中。

日本许多怀石料亭都是家族经营，餐厅即大将的房子，妻子即女将，因此吃怀石料理会有一种去儒雅人家做客的感觉。

侘寂美学

“侘寂”是日本独特的美学理念，即一种以接受短暂和不完美为核心的美学思想。如果一件物品，能给我们带来内心的宁静和精神上的感触，则可称之为“侘寂”。因此，侘寂是一种接受不完美、崇尚简单、古朴、自然和残缺的哲学思想。与侘寂相对的，则是喜好大红大紫的张扬，以及铺张、世俗的奢华。

侘寂美学充分体现在怀石料理的各个环节之中。从数寄屋造的建筑样式，到房间内的装饰摆设，再到盛放食物的器皿，运用的食材和摆盘形式，无一不体现着侘寂美学。

怀石料理菜单顺序

1 先付 さきづけ sakizuke

怀石料理精致且丰盛，上菜顺序也极有讲究。先付是第一道开胃前菜，会与食前酒一同呈上，常为口味清新的酸味时令小菜。

2 八寸 はっすん hassun

八寸是整个怀石料理中最精美绝伦的多种小菜组合，常常摆盘绚丽夺目，呈现季节性主题。

3 向付 むこうづけ mukōzuke

向付就是刺身，有时也叫造里。多采用当季的生鱼片。

4 椀物 わんもの wanmono

椀（同“碗”）物是日式高汤，以其盛放器具而得名。日式高汤通常由鲣节和昆布制作而成。

5 烧物 やきもの yakimono

烧物是烧烤类热菜，常为烤鱼。用的鱼一般是脂肪肥美的三文鱼、喉黑鱼、鳕鱼等。

箸休是中场清口的小菜。箸休前的菜为酒肴，佐酒而食；箸休后的菜为饭肴，佐饭而食。

7
强肴
しいざかな
shiizakana

强肴是主菜，常用烤制或蒸煮的做法，食器庞大隆重，一般以寿喜锅或烧烤架的形式呈现。

8
酢物
すもの
sumono

“酢”同“醋”，发音亦同。酢物是在强肴之后，御饭之前，用醋调味作为清口和增进食欲的酸味小菜。

9
御饭
ごはん
gohan

御饭即米饭，与其一同上桌的还有日式腌菜和味噌汤。

10
水物
みずもの
mizumono

水物是水果或甜点。全餐到此结束。有仪式感的怀石料理餐厅在此之后可能还有和果子和抹茶。

* “献立”在日语中是“料理的种类与顺序”之意。——编者注

怀石料理图鉴

先付

先付可理解为前菜，常常是季节性时令凉菜，以酸味清凉为主，目的是让客人们打开胃口，激发其食欲，为随后长达两三小时、菜数多达 10 余道的饕餮盛宴做准备。

在一些没有八寸的怀石料理（如午市会席）中，有时会将先付作为最隆重、丰盛的一道。

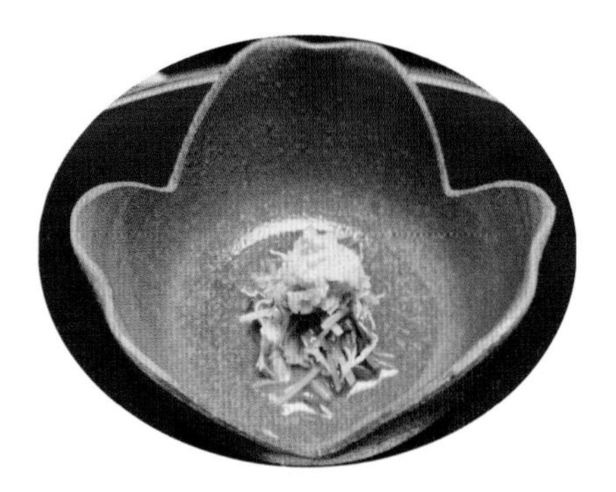

醋拌菊花、壬生菜和雪蟹

北陆金泽“钱屋”

上面黄色的为菊花瓣，中间绿色的为京都产的壬生菜，下层为能登半岛产的雪蟹，味道清爽。盛放该先付的器皿为当地知名陶器——九谷烧。

草莓、笋与黄鲷鱼

京都“千花”

京都怀石名店千花极具特色的前菜，黄鲷刺身配以甘甜的草莓和软嫩的笋，口味甜鲜。主厨善用水果，使之成为一道既特别又有创意的先付。

分葱、乌贼、椒芽、山药和红蓼

九州福冈“嵯峨野”

有的餐厅第一道菜肴十分丰盛，先付就成了“前八寸”。在嵯峨野这家米其林三星怀石料理店的午市会席中，先付有 3 道小菜。

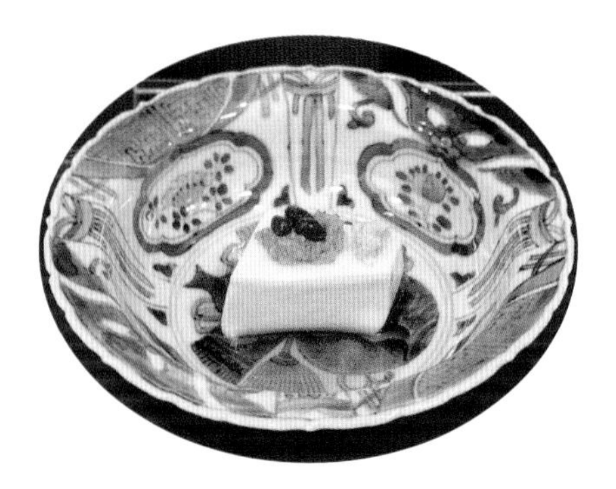

胡麻豆腐

北海道札幌“寿山”

胡麻豆腐是非常多见的先付菜肴，豆腐十分黏糯，带有芝麻的香气。以豆腐作为第一道前菜，颇具茶怀石的禅意。

在一些非常有仪式感的怀石料理餐厅，在先付呈上时，还会有一个小酒碟扣在筷子之上，这是用来喝餐前酒的器皿。

这时只需将倒扣着的小酒碟翻过来，双手捧起，侍者便会来斟上餐前酒。餐前酒的量并不会很大，一小口而已，常为入喉温热的清酒、桃酒或梅酒，和先付一样，也起开胃的作用。

喝完这一口酒，代表整餐开始，便可动筷吃先付。

八寸

八寸是怀石料理中最为隆重且精致的菜肴，因盛放它的盛具——八寸（约 24 厘米长）杉木方盒而得名。作为一道主要的下酒菜，它是佐酒而食的丰盛美味。“下尽功夫碎尽其心，则花鸟风月皆为料理”，主厨在八寸中会运用各种山珍海味，穷尽高超和富有传承意义的烹饪技法，将应季美味汇于一盘。八寸可谓集日本料理手法精髓的大成之作。

常常只有价格高昂的正统怀石料理正餐（晚餐）才会提供最为美轮美奂的八寸。八寸可作为一家怀石料理店的招牌，代表这家店的风格和水平。

春季八寸

京都“菊乃井”

这是来自京都米其林三星菊乃井总店的丰盛艳丽的八寸，用古朴典雅的方形木盒盛装上来。掀开木盖，里面是众多精美绝伦、让人不忍下口的美味小菜，看得出每一道小菜的制作都十分耗时且讲究烹饪技巧。其间还运用当季的新鲜樱花作为点缀，营造出视觉与味觉的双重享受，此乃一道绝美的八寸、一盒绝佳的酒肴。

现今食器类型多样，许多怀石料理店的八寸已经不再用传统的八寸木质方盒作为盛具，而以圆形大盘盛上，再在圆盘内分布各式各样的小杯、小碟，以五彩缤纷的色彩华丽登场。一盘八寸中最多能盛放15品小菜。

八寸是当季的山珍与海味共同上演的全餐高潮，如同激情澎湃的交响曲第一乐章（快板）一般，给人以深刻的第一印象。有的餐厅会将八寸置于整餐的第一道，谓之“前八寸”，让食客们一开场就能有震撼且惊艳的体验，以更加期待后续菜肴。

秋冬季八寸

金泽“钱屋”

呼应着日本北陆地方金泽市秋冬季节的特色吊枝形象，整个八寸就如同这座城市的印象派缩影——白雪皑皑的同时铺满缤纷的秋叶。

八寸中的旬味

しゅん | shun

“旬”指的是时节更替，十日为一旬，三旬为一月。旬比季更加细腻和精确，日本料理中追求旬味，即追求更为敏感的时令变化。

所谓“不时不食”，世界上恐怕再没有什么料理形式比怀石料理更加讲究季节感。不仅菜单在每个季节都会更换，而且食材本身也会与季节紧密相连，就连使用的器皿、摆盘的点缀，都无一不符合当下的时令氛围。

下面就说说几种在怀石料理八寸中经常出现的季节旬味：

樱鲷　萤鱿　京竹笋　蕨菜　樱花

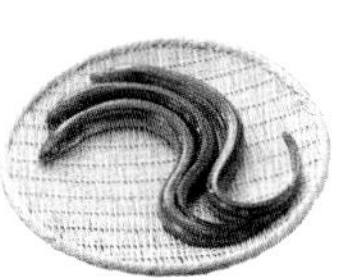

香鱼　鳗鱼　贺茂茄子　秋葵　竹叶、紫苏叶

秋刀鱼　丹波大栗　丹波松茸　柿子　银杏叶、枫叶

松叶蟹　河豚　圣护院白萝卜　金时红萝卜　松针、松叶

向付

向付是怀石料理中的刺身环节，因盛盘会有固定朝向，即正对客人，故称为向付。一道向付通常用两到三种鱼，每种鱼两到三片，量小而精。相较于普通日本料理店刺身拼盘的豪华堆砌，怀石料理中的向付则朴素收敛得多，不会让人吃得满腹生冷。向付也是一道绝佳酒肴，客人可以一边品尝当季的新鲜鱼介，一边饮酒为乐。

鲷鱼

京都“千花”

春季的樱鲷最是肥美。在樱花盛开的时节去日本，总能在怀石料理店遇见鲷鱼的身影。软嫩鲜美的鲷鱼被切成细条，蘸昆布丝食用。

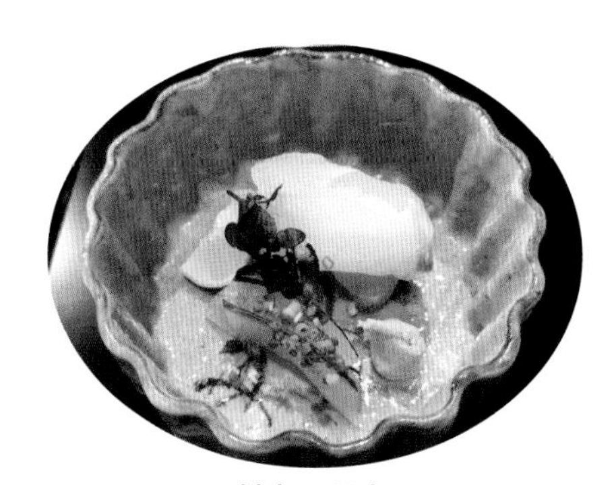

针鱼、鰤鱼

九州熊本“琉璃绀”

向付不仅讲究旬（时令），还讲究产地。位于九州地方熊本市的米其林二星怀石料理店琉璃绀，就用到当地名产：针鱼。肉质脆爽，鲜美无比！

青花鱼

广岛“中岛”

这是中岛的第二道向付——两天熟成的青花鱼。味道极其惊艳，在肥厚软嫩的同时，又有浓郁的鲜美，层次丰富的滋味萦绕于唇齿间。

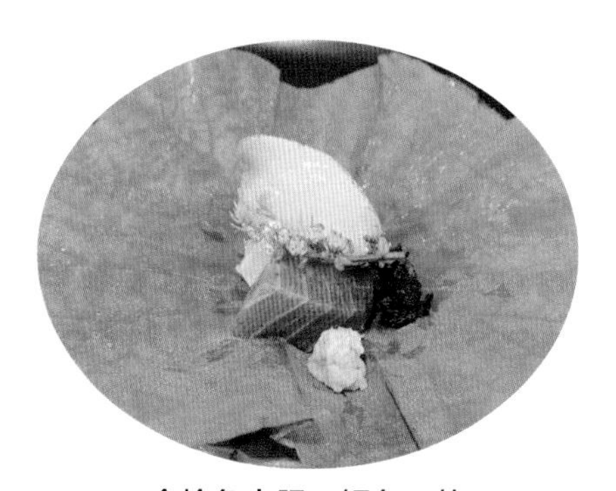

金枪鱼中肥、鲷鱼、鲍

北海道札幌“寿山”

3 种刺身置于硕大的荷叶之上，还点缀了一支紫苏花。金枪鱼肥瘦得当，入口半化，味道微酸；鲷鱼鲜香；鲍鱼极脆，嚼劲十足。

向付中常见的鱼类

好的怀石料理店对于向付的食材选择非常讲究，尤其是季节和产地，要选用当季最肥美的鱼介作为刺身食材。怀石料理中的向付与国内刺身拼盘的选鱼有所不同，三文鱼、北寄贝和大龙虾等，在怀石料理的向付中很少出现。下面列举在怀石料理的向付中常见的刺身鱼类。

金枪鱼

マグロ | maguro

tuna

金枪鱼在刺身中依旧深受欢迎，不论是赤身中肥还是大肥，都是怀石料理向付中的常客。

鰤鱼

ブリ | buri

yellowtail

冬季鱼料非鰤鱼莫属，它于寒冬时节最肥美。以日本富山县的冰见寒鰤最为上等。

鲷鱼

タイ | tai

sea bream

鲷鱼是在怀石料理的向付中出现频率最高的鱼。它喜庆的颜色深受日本人喜爱，鲷鱼刺身以口感紧实、弹牙为佳。

乌贼

イカ | ika

squid

乌贼刺身以白嫩的形象、黏糯的口感和甘甜的味道深受食客喜爱。

鲍鱼

アワビ | awabi

abalone

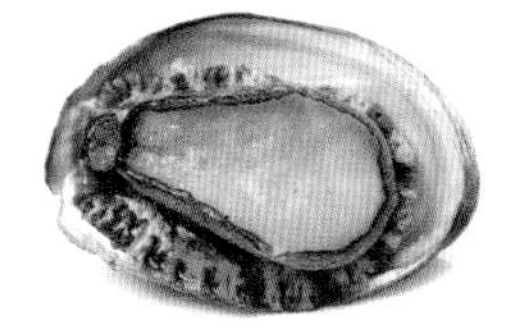

鲍鱼刺身具有紧实的肉质、弹脆的口感，散发着鲍鱼特有的迷人香味。

河豚

フグ | fugu

pufferfish

河豚是冬季当季鱼料之一，晶莹剔透的薄切刺身，夹着细葱和醋，鲜美无比！

椀物

だし | dashi

椀物即汤，有时也被称为“盖物”，因盛放汤汁的有盖器皿得名。日式高汤在日语中写为“出汁”,出汁被认为是日本料理的灵魂,出汁水准是评判一家料理店优劣的关键，因此，怀石料理的主厨会拿出浑身解数制作这碗高汤。

中国汤汁追求咸香浓稠，日本高汤则更加注重清澈鲜香。初次品尝日式高汤时，你或许会感觉清淡寡味，那清澈透底的汤底似乎毫无内容，可越喝越能品味出它的鲜美以及那沁人心脾的味道。

昆布和鲣节，是制作出汁最基础的两大食材。

金目鲷、烤松茸、年糕、昆布出汁

广岛“中岛”

掀开碗盖，香味随着热气的升腾而四溢开来。极其清澈鲜香的出汁，金目鲷粉红喜人，鱼肉鲜嫩肥美，年糕黏糯可口，松茸奇香弥漫。中岛对盛放出汁的器皿也非常讲究，这个碗是有百年历史的古董，漆器为北陆地方能登半岛产的名贵“轮岛涂”，外表漆黑、朴实无华，内里是拥有美丽金漆工艺的莳绘图案。

コンブ | konbu

日语中的“昆布”指的是干海带，熟成干制后成为色泽黝黑、形状粗犷的硬片。可千万不要因为昆布长得其貌不扬而小看它，昆布的主要鲜味成分为谷氨酸，集旨味之大成，用它制作出的高汤味道甘甜、香气四溢。

昆布既可单独用于制作出汁，也经常和鲣节相结合，形成既有昆布甘甜又有鲣节鲜香的浓厚风味的高汤。

昆布产地以日本北海道为最佳。

かつおぶし | katsuobushi

这个像木棒一样的东西叫作鲣节。它是由鲣鱼切成片，经蒸、煮、熏、烤、发酵后形成的鲣鱼干，又称木鱼。

鲣鱼中富含肌苷酸，与昆布结合，可产生极致的鲜味。用它制作出汁时，需将鲣节用刨盒削成木屑状的鲣鱼花（又称“木鱼花”），撒入沸水中并过滤。鲣鱼花还常见于大阪烧、猫饭等料理中，起增鲜的作用。

鲣节产地以日本九州鹿儿岛为最佳。

怀石料理中的椀物绝对不会是一碗清汤，汤中除了汤汁还会有“椀种”和“椀妻”。椀种指的是主汤料，如鱼丸、年糕，椀妻指的是配菜。喝一口鲜美的高汤，吃一口香嫩的汤料，体会汤与料的完美结合，这才是椀物的正确喝法，喝到最后会让人觉得恰到好处，滋味越发鲜美。

值得注意的是，在椀物环节，餐厅通常是不提供勺子的，而是让客人用筷子食用。正确的喝汤姿势是，双手端起碗，品尝一口高汤，然后一手端碗一手用筷，夹食里面的汤料。

出汁是日本料理中的精髓，是怀石料理大厨们倾注了心血的作品，请大家用心品味。

樱树叶蕨菜煮鲷鱼

东京“赤坂菊乃井”

日本料理十分讲究呼应季节，菊乃井这道在春季樱花盛开时节的椀物，颇具春天的味道，椀种为樱鲷鱼肉（在樱花树叶下），椀妻为樱花树叶和蕨菜。盛具十分古朴又有韵味。

制作出汁的重要材料——鲣节刨出的木鱼花

烧物

汤喝完就迎来了又一道大菜，此乃烧物，一般为鱼类、肉类的烧烤。烧物的料理方式有很多，炭烤、烟熏、照烧、幽庵烧、西京烧、蒲烧等。食材常用油脂丰厚的鳕鱼、三文鱼、喉黑等。

这些“烧”都是什么？照烧——外表涂抹酱油、糖、清酒等，色泽光亮的烧烤。幽庵烧——用柚子汁和豉油、清酒、味啉等腌渍后烧烤。西京烧——以甜味噌为调味料的烧烤。蒲烧——以酱油和糖为调味料的烧烤。

烟熏樱鳟和鸭胸

东京“赤坂菊乃井”

肥厚的樱鳟肉和鸭胸肉各两块，主厨用大火炉将其熏至五分熟，鱼肉入口即化，鸭肉肥瘦各半，香嫩可口，回味无穷。

炭烤香鱼

北海道札幌“寿山”

香鱼，顾名思义，是一种味道极为鲜香的小鱼。主厨将活鱼串起，于炭火上烤制。香鱼很小，极考验烧烤技巧。吃的时候，从头到尾全部吃掉，头部酥脆略苦，往后越吃越香。

甘鲷立鳞烧和西京烧银鳕鱼

北京“星岡”

这道烧物用了两种鱼料，左侧为用了知名做法立鳞烧的甘鲷，酥脆的鳞片与鲜美的鱼肉搭配出无与伦比的美味，右侧为用甘甜的味噌烧烤的肥美多汁的鳕鱼，令人大快朵颐。

烤喉黑

九州熊本“琉璃绀”

喉黑鱼是一种小红鱼，因其喉咙内部是黑色的而得名，其学名为赤鲑[lù]。喉黑鱼的脂肪含量高达 20%，鱼肉鲜甜，油脂丰盈，是非常高级的鱼料，被誉为“梦幻之鱼”。

箸休

箸休，即让筷子（箸）休息（休）一下的意思，也叫箸洗。它是怀石料理前半部分（佐酒菜）结束的中场休息，为即将开始的下半部分（佐饭菜）做清口和修整。箸休处于两道较为油腻的硬菜——烧物和强肴之间，所以大多数时候是酸甜清爽的小凉菜。

芥末草莓冰沙

东京“赤坂菊乃井”

这是一道非常有趣的箸休，草莓的甘甜伴随着芥末的微辣，再加上冰沙的清凉，令人印象深刻，吃完非常解腻。

海参焙茶柚子刨冰

大阪“弧柳”

这是一道十分独特的箸休。以Q弹的海参肉为主料，浸在焙茶的茶水中，散发出茶香，上面点缀柚子刨冰，又多了几分清凉与酸甜。

芝麻屑番茄

名古屋“雪月花”

单是一颗番茄也可以作为一道箸休，鲜嫩圆润的番茄，非常清甜。已经仔细去了皮，没有一丝痕迹和瑕疵，还在其上撒了芝麻屑。

长野番茄配莼菜和百香果

北京“九献”

箸休虽小，却可以做得复杂且精巧，九献的这道箸休用到了 3 种食材：番茄条、清爽的莼菜，还有酸酸的百香果。

强肴

强肴是怀石料理中的主菜环节，常为现场烧烤或火锅煮制的肉菜。强肴不仅在食材上尽显其主菜地位——常见 A5 和牛、鲷鱼、松叶蟹等高级食材，就连炊具也是整餐中最壮观隆重的，常以硕大的火锅或炭烤架的形式出现。强肴之所以谓之强肴，原意是主人为了彰显待客之道，让客人们吃得更加尽兴而（强行）追加的一道菜肴，故也称“追肴”或“进肴”。

煮橄榄猪

四国香川“琴参阁”

橄榄猪为日本香川县的特产猪，因饲料为橄榄而著称，肉质肥美，肉香味扑鼻，吃起来很有嚼头。整锅炖煮两大片肥美无比的猪肉。

炭烤松叶蟹

北陆和仓温泉“加贺屋”

位于日本北陆地方能登半岛旁的加贺屋可谓“近水楼台先得月”，这道炭烤松叶蟹选用的便是冬季能登半岛产的、最为肥美的加能蟹。

煮金枪鱼

京都“吉泉”

吉泉这道强肴为土锅煮金枪鱼，选用的是金枪鱼的中腩部位，鱼香十足，肥美鲜嫩，搭配浓郁的汤汁和蔬菜，非常可口。

煮鲷鱼

东京“赤坂菊乃井”

春季的菊乃井可谓将鲷鱼的做法做了个遍，强肴依旧离不开当季的樱鲷主题。鲷鱼肉紧致、鲜美，搭配的是海带、野菜和山椒叶。

酢物

酢物是以醋为基本调料调拌鱼、贝、蔬菜等食材的凉拌料理，可视为安排在主食御饭之前，起开胃作用的酸味小凉菜。

怀石料理吃到这里时，食客们都会有些饱腹和疲惫感，因此大厨对于酢物的拿捏相当重要，既要将醋的开胃酸味体现得刚刚好，又要还原食材本身的鲜味，让两者达到平衡。

玉子烧、岩梨和炸苹果片

岐阜高山“洲崎”

这家专注于宗和流本膳料理味道与形式、拥有 200 多年历史的料亭，运用传统的食材和手法，做出精致的菜肴。这一道酢物就十分细腻且别致。

银带鲱

九州指宿“白水馆”

银带鲱是九州地方鹿儿岛的名产，又名小丁香鱼，鱼肉呈半透明状，蘸着一种由味噌、醋、糖调和而成的醋味噌食用，极为软嫩鲜美。

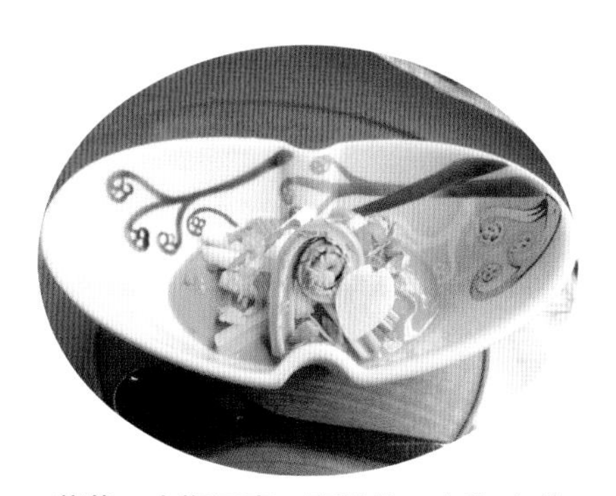

蕨菜、山椒豆腐、野甘草、山椒味噌

东京“赤坂菊乃井”

这道翠绿色的酢物令人十分赏心悦目，就连盛具也别具一格。食材是豆腐搭配蔬菜，山椒的清新伴随着豆腐的豆香，非常有意思。

银鱼、海蜇、柚子皮和果冻

京都“千花”

这是一道非常精致的酢物，将多种美味聚集在一口之中——银鱼的鲜、海蜇的脆、柚子的酸和果冻的甜，味道丰富，精彩绝伦。

御饭

御饭是怀石料理中接近尾声的主食，日本人对米饭有着非常深厚的感情，因此怀石料理的主食通常既不是寿司也不是面，而是米饭。与米饭一同上桌的，还有香物（腌渍小菜）和止椀（味噌汤）。

御饭通常是类似下图这样，以“三位一体”的形式呈上。

ご飯 | gohan

御飯

米饭，在日语中叫作“御飯”，它也是怀石料理主食中当仁不让的主角。在许多传统的料亭里，御饭就是白米饭。初次吃的时候，你可能会觉得面对一碗白米饭干吃有些不适应，可吃过一口之后，尝到了日本优质大米的软糯香润，你会发现干吃米饭也可以很美味！

很多时候，怀石料理店的主厨们认为仅以白米饭作为御饭，不足以体现这顿饕餮大宴的丰盛，因此还会将应季的名贵食材铺在米饭之上，做成鳗鱼饭、鲷鱼饭、紫苏饭等。通常侍者在搅拌米饭之前还会捧着饭釜，连锅带饭请客人过目，让客人们欣赏这一美丽的杰作。

春笋饭

东京“赤坂菊乃井”

春季的菊乃井用了当季京都最有名的京野菜——京竹笋，作为御饭的主料。鲜嫩的笋和软糯的米饭，是最能代表春季的独特味道。

鳗鱼饭

北陆金泽“钱屋”

御饭里有大鱼大肉，可谓诚意满满。钱屋用鳗鱼（星鳗）、葱花及山椒等食材做成釜饭，米饭晶莹剔透，香气弥漫。

三文鱼亲子饭

广岛“中岛”

米饭用的是广岛本地产的大米，由土釜烧煮而成，有香脆的锅巴。米饭的上面铺着蒸熟的三文鱼肉，还另有小盅盛放鲜咸的三文鱼子。

玉米饭

北海道札幌“寿山”

从一开餐，这座硕大的土制羽釜就在砖炉中闷着，到了御饭环节，主厨再将其打开并呈上。金黄色的玉米，配上软糯的米饭，甜香十足。

香の物 | kōnomono

香物

香物是与御饭搭配的酸味小菜，经腌渍发酵而成，也被称为渍物或腌菜。自古以来，渍物是日本人饭桌上不可或缺的食品。常见的香物有腌制的黄瓜、白萝卜、白菜和其他蔬菜等。

千枚渍

“三大京渍物”之首。千枚渍是将重达 2~5 千克的圣护院芜菁，切成上千薄片进行腌制而得名。

酸茎渍

“三大京渍物”之二的酸茎渍，是将酸茎菜（京野菜的一种）用盐腌渍，经过乳酸发酵做成的渍菜。

柴渍

“三大京渍物”之三的柴渍，是将小黄瓜或茗荷（类似姜）用红紫苏和调味料进行着色和腌渍的酱菜。

东京腌萝卜

腌萝卜是东京代表性的渍菜，将甜酒曲和白萝卜一起腌渍。

奈良渍

奈良渍是用酒糟来制作渍菜的代表。用奈良渍制作的渍菜可以是黄瓜、桂瓜、胡萝卜等。

福神渍

福神渍是用酱油腌渍的渍菜。其原本的食材是茄子、萝卜、芜菁等 7 种蔬菜，因和“七福神”有联系而得名。

止め椀 | tomewan

止椀

止椀也叫作留椀或后吸物，指的是怀石料理中的最后一碗汤。这道汤通常是味噌汤，也可叫作大酱汤。味噌是由煮熟的大豆发酵而成，味噌汤可谓日本极具代表性的传统汤类，凡是吃主食，日本人一定会和一碗味噌汤一同食用。

味噌

みそ | miso

汤汁中的悬浮颗粒物即味噌，它是以黄豆为主料，加入盐等发酵而成的调味料。红味噌比白味噌的发酵时间长，加的盐也更多，口味更加浓咸。

葱

ネギ | negi

葱花是给味噌汤提鲜的必要食材，同时还有大段的白葱浸没在汤底。

豆腐

とうふ | tōfu

豆腐是味噌汤中不可或缺的食材。既可以是滑嫩的白豆腐，也可以是油豆腐。

裙带菜

ワカメ | wakame

裙带菜是味噌汤里常见的食材，为海藻的一种，比海带薄。

味噌汤的“噌”，到底念什么？中国人一开始将味噌汤错误理解成了“增加味道的汤”，从而读成味“增”汤。但按照《现代汉语词典》，噌的发音应为 [cēng]，所以正确的读法应当为味噌 [cēng] 汤。

御饭的奥秘

日本人认为一粒米中有着七位神明，足见米在日本人心中的重要地位。日本的米饭也是公认的世界上最好吃的米饭之一。究竟是什么让日本米饭如此好吃呢？总结起来，有三大因素：首先是米的品种，其次是煮米的水，最后是煮米的锅（釜）。

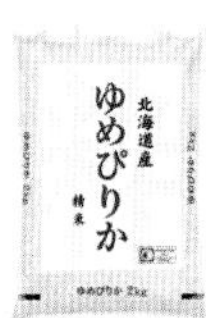

梦美人
北海道

一见钟情
宫城县

越光米
新潟县

能让人捧着一碗白米饭就吃得有滋有味，米的品种必然起到了决定性作用。日本一直在用科学技术培育优质品种的稻米，这使得日本的米有着极高的品质。

被誉为“世界米王”的越光米，外表光泽，黏度高，口味甘甜，是“特A”级大米的代表。而越光米又以产地为日本新潟县鱼沼市的最负盛名。另外，日本还有“光姬”“一见钟情”等“特A”级大米。

作为烹饪米饭的唯一配料，水的重要性可想而知。如同酿酒和做茶都很讲究水源，日本怀石料理店中煮饭用的水，大多都是特定的优质山泉水，因为用自来水是无论如何也做不出颗粒饱满、香味十足的细腻米饭的。比如米其林三星怀石料理店菊乃井，不论是东京赤坂店还是京都总店，炊饭用水都取自京都一口名为“菊乃井”的井；京都祇园的米其林一星梨吉，料理用水为取自比叡山（位于京都的“日本七高山”之一）的名贵的天然地下水。

富有工匠精神的大和民族是对工具和器具最讲究的民族之一。炊具自然也不例外，日本的高级料亭从不会用电饭煲来做米饭，而是用极为传统的土釜（砂锅）或铁锅。

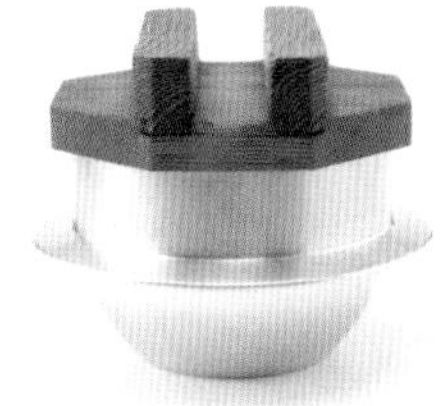

其中知名的土釜有万古烧、伊贺烧等。羽釜的锅体上有一圈“翅膀”，常为铁锅，最知名的铁锅是南部铁器，产自日本岩手县。

水物

水物是餐后的水果，常常作为全餐的收尾，选用的是当季的优质名贵水果。怀石料理的水物依靠的是食材本身的甘甜和新鲜，并不需要过多的加工和处理，将其直接呈现给客人就是一道完美的甜点。在日本，优质的水果价格非常高昂，其中名贵水果有：静冈县的蜜瓜、奈良县的柿子、德岛县的橘子、枥木县的草莓等。

柿子

北陆金泽“钱屋”

秋冬季节，半颗丰硕饱满的当季柿子，甜美无比。点缀 3 颗石榴籽，以及奶油和松针，更增添了可观赏性，为整餐画上了完美的句号。

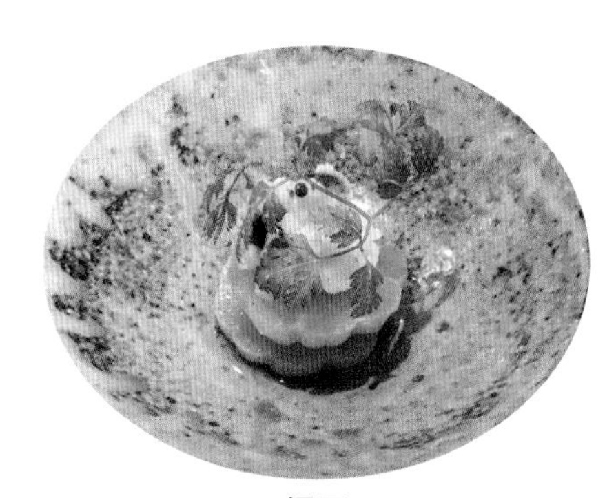

橘子

大阪“弧柳”

弧柳的水物十分精致美丽，一道简单的水物却呈现出橙、绿、白、红 4 种颜色。切片的两块橘子上面点缀咖啡味白奶油，非常甜美。

香瓜、梨

岐阜县高山“洲崎”

传统的怀石料理店洲崎十分讲究“天然去雕饰”的意境，依靠优质水果本身的鲜甜，丝毫不用加工，即可使其达到极致的美味。

草莓、金橘

九州指宿“白水馆”

依旧是橙、绿、白、红四色的搭配，两颗饱满多汁的枥木县产草莓，一颗金橘，还有甜软的奶油和薄荷叶。回味甘甜清爽，令整餐尾韵悠长。

抹茶

在一些极具仪式感的餐厅，水物之后还会有抹茶环节。在呈上抹茶以及和果子的同时，主人对客人表达谢意，客人此时应双手接过抹茶碗，以表示对餐厅主人盛情款待的感谢。

和果子和抹茶是什么？怎么品尝？第十二章《和果子》中会进行详细介绍。

抹茶

九州福冈“嵯峨野”

怀石料理中的抹茶与和果子，就如同西餐中最后的咖啡与茶点。抹茶犹如意式浓缩咖啡一般，初尝极苦，再喝便能品出其香。

和果子——蕨饼

九州福冈“嵯峨野”

和果子是与抹茶搭配的日式甜品，和西餐中咖啡很苦而茶点很甜一样，和果子是佐抹茶吃的，品一口茶，吃一块和果子。

抹茶与和果子让整餐更有茶怀石的意境

怀石料理的就餐礼仪

品尝顶级美食时，不要忘记尊重当地的餐饮礼仪，尤其博大精深的怀石料理不仅更具仪式感，也更加严肃、正式。怀石料理有时候还会有一些特殊的仪式，如果你是初次品尝，难免会遭遇一些尴尬，在吃之前可以适当了解一下可能出现的情况，以便轻松又优雅地享受高级料理。当然，就算你是个怀石料理“小白”，第一次去吃也完全不需要紧张，因为体贴的女将服务通常会将你照顾得无微不至，并在恰当时刻提醒你应该做什么，令你宾至如归。

礼仪 1：穿上恰当的着装。

怀石料理的着装要求为商务休闲或半正式风格。男士应着正装，如西服、中山装、和服等，避免短裤短袖，而女士可选择长裙。最好不喷香水，以防破坏菜肴的气味。鞋子应选择容易脱穿的类型。另外一定要穿袜子，在这里尤其提醒女士，因为赤脚踏上榻榻米是不得体的举止。

礼仪 2：于玄关处脱鞋。

在日本，进屋脱鞋是进入绝大多数料亭后的第一件事（只有割烹吧台形式的餐厅有时不需要脱鞋）。你需要做的是在石阶上脱鞋，用穿着袜子的脚踩上木质榻榻米，等待女将的领入。需要注意的是，脱鞋时应面朝屋内，两脚并拢弯腰脱鞋。脱鞋后无须拎起自己的鞋，也无须摆放，料亭的女将会替你收拾好鞋子。

礼仪 3：可能需要“钻洞”。

在个别怀石料理料亭中，进入包间的方式可能不是从日式推拉门大步走进去，而是要钻过一个低矮的洞，这个洞的学名叫作“躏 [lìn] 口”，是茶道中千利休创立的草庵茶室特有的客人出入口。躏口的意义在于“平等精神”，即在进入房间之前，彼此忘记地位尊卑，回归本色。日本京都怀石料理店吉泉中的个室就有这种躏口。

礼仪 4：熟悉座位的形式。

绝大多数怀石料理餐厅都是餐桌和餐椅的形式，并不需要席地而坐，不善盘腿的朋友大可放心。如果和式包间内没有椅子，那么也不必“正坐”（跪着坐在脚上），盘腿即可。

礼仪 5：擦手巾只用来擦手。

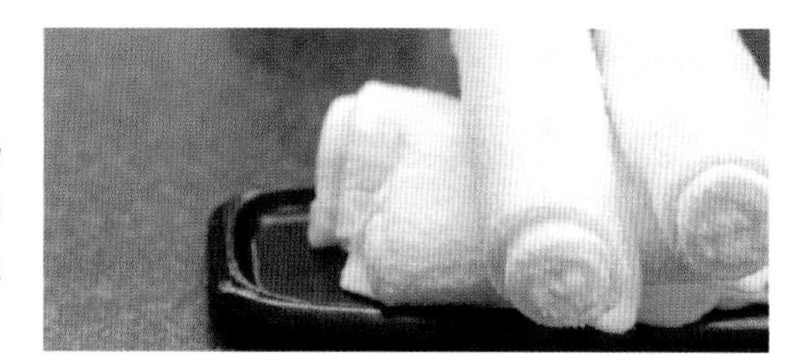

餐厅会在客人入座后以及餐后甜点之前，提供热乎乎的湿毛巾，这是用来擦手的擦手巾，请尽量不要用来擦脸、擦嘴和擦桌子。如需擦嘴，最好用怀纸或自己的手帕与纸巾。

礼仪 6：可能会有餐前酒。

许多具有仪式感的怀石料理店都会提供餐前酒，也叫开胃酒。一般是将一个小盏子倒扣在筷子之上。在开餐时可以留意是否有这么一个小盏子，如果见到，不必先动筷，而是应当先将盏子翻过来，双手捧起，等待服务员将酒注入盏中，喝完再动筷。

礼仪 7：如何动筷？

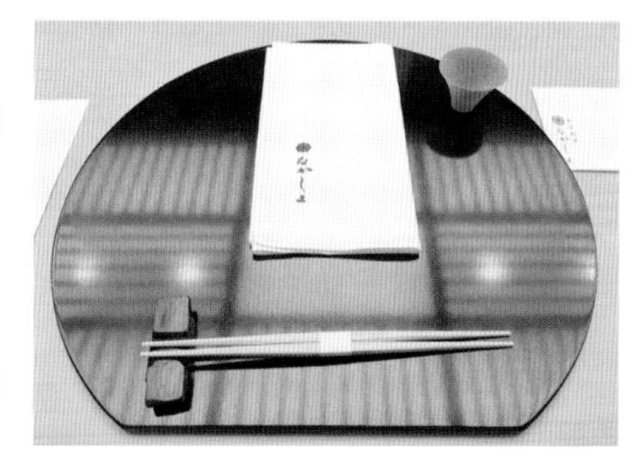

入座后，摆在面前的筷子通常是用印有店名的纸条封上的，在拆筷子时，不应将纸条撕碎，而是应当双手各拿一支筷子，左右同时拉出，将筷子从纸条中抽出。

每吃完一道菜肴，应将筷子端正横放于筷枕上，而不应直接放于折敷（垫在桌上的木质托盘）或盛放食物的碗上。

礼仪 8：端起碗来食用。

但凡看起来“方便端起”的食器，如煮物碗、饭碗等小型器皿，都应当端起来食用。挺起腰板，端正坐姿，手持食器，双手并用才是品尝和食的正确姿势。而盛有向付、八寸、烧物等菜肴的大型器皿则不需要端起。

礼仪 9：吃刺身如何蘸芥末和酱油？

不少朋友习惯将芥末混入酱油中搅拌后食用，其实这并不是地道的吃法，因为这会破坏芥末的辛香气味。推荐的吃法是：将芥末涂抹于鱼肉上，然后夹起鱼肉，用其底部蘸酱油食用。

礼仪 10：争取光盘行动。

将每一道菜肴吃完是对厨师手艺的尊敬，也是对大自然来之不易的上等食材的珍惜。品尝怀石料理时不应浪费或剩菜，争取一点不剩，吃完之后再将盖子盖回碗上，以示完毕。另外，怀石料理的流程也是吃完一道后，才会撤盘上下一道。特别提醒大家：怀石料理尤其是晚餐，会非常丰盛，量大，请务必做好心理和生理准备，安排好用餐间隔和就餐次数。

礼仪 11：尽量不要分享。

日本料理通常都是每个人吃自己的套餐，除了极个别强肴可能会一桌共享一锅，其他菜肴最好避免分享。如果实在吃不下自己面前的菜肴，请“悄悄地”适度分享给同伴。

礼仪 12：注意预约事项。

日本绝大多数的高级料亭都是需要至少提前一两个月预订的，需要提前订好套餐价位、座位类型，确认有无忌口，以及有无儿童（有些高级餐厅不允许 12 岁以下儿童入内，且无儿童套餐）。

礼仪 13：适度拍照。

绝大多数餐厅都是欢迎拍照的，只要不开闪光灯，不过分张扬，你就可以随意拍摄。当然，尽可能控制拍照时间，不要影响料理的温度、口味以及上菜节奏。极少数餐厅不允许拍照，服务员一定会在餐前特别提醒你。

礼仪 14：掌握用餐完毕的礼仪。

买完单，起身离座时，料亭女将就会把寄放的外套拿来，并会帮客人穿着。如果来时脱了鞋，这时你的鞋子已经被侍者整齐地码放于玄关石阶上了，女将通常会递上鞋拔辅助你穿鞋。穿上鞋子走出门时，主厨通常已经立于料亭门口为你送行。日本的待客之道十分注重礼仪，料亭主厨和女将会在店门口鞠躬目送，直至你的身影离开他们的视线。此时不必拘谨回礼，也不必频频回顾，大方地离开，结束这一段美好的料理体验即可。

当然，条条框框的东西也不必过度费神铭记，毕竟美食是用来享用的，若因这些繁文缛节影响了品尝料理的心情可就得不偿失了。就算是很正式的怀石料理餐厅，也并不会让人感到拘谨，服务员热情周到的服务，以及完成度极高的流程一定会让你感到宾至如归的。用餐时怀着相互尊敬的心态，认真体会并品尝这一顿精美的大餐，就是对料理人的最佳回报和最高赞赏。

怀石料理餐厅推荐

怀石料理餐厅在日本遍地都是，不仅京都、东京、大阪等大都市有非常多名店，一些日本小城（比如金泽、松山、函馆等），也因其水产丰富肥美而拥有许多极好的怀石料理店。

然而想要在国内吃到一顿正宗的怀石料理，就不是那么容易了。目前国内大多数城市的日本料理水平还处于日式居酒屋的档次，地道正宗、仪式感强的怀石料理店只存在于屈指可数的几个特大城市之中。大体来讲，上海的日本料理最发达，拥有数家怀石料理店，北京紧随其后。下面从各个城市里提几家正宗的怀石料理店，供大家参考。

吉泉

京懐石 吉泉

人均消费：1 600 元人民币

地点：日本京都

曾获米其林三星的京都怀石料理名店吉泉，位于鸭川北部一隅。吉泉非常适合初次品尝怀石料理的中国食客，因为它很符合中国人的口味，不会让人感到怪或不适应。午市套餐极为推荐，大约 9 000 日元就能享受到精美绝伦的怀石料理。

吉兆岚山本店

京都吉兆嵐山本店

人均消费：3 000 元人民币

地点：日本京都

若说哪一家怀石料理餐厅属世界顶级，那么恐怕非吉兆莫属。迤逦的青山、无敌的景色、精湛的料理，除了太贵，吉兆近乎完美。吉兆曾以 600 美元的人均消费价格登顶“世界最贵餐厅”。晚餐价格为 3 万 ~7 万日元。

虎白

虎白

人均消费：1 750 元人民币

地点：日本东京

东京的怀石料理名店实在太多，这里只放一家还算好预约且价格不算太高的米其林三星店——虎白。tabelog 评分 4.6 的超高分和两年金奖都让这家店成为最值得专程前往品尝的名店之一。

円相

人均消费：680 元人民币

地点：北京市朝阳区

谁能想到在霄云路附近一栋毫不起眼的小楼的地下一层，有一家京城完成度最高的怀石料理店，从一开始用折敷呈上的“一汁三菜”，到食事的土釜焖饭，再到最后一碗茶怀石经典的抹茶与和果子收尾，无一不透露着日本怀石料理的气息和味道。

宝屋日料

人均消费：1 200 元人民币

地点：北京市朝阳区

宝屋日料是许多食客心中排名数一数二的日本料理店，它有着美味的菜肴和稳定的出品。因为太过火爆，通常需要提前一个月预约才能订到，只有晚上营业。

樱久让

人均消费：1 500 元人民币

地点：上海市徐汇区

毗邻上海徐家汇公园的衡山坊里，有一家闹中取静的怀石料理店——樱久让，这里有国内屈指可数的传统地道的怀石料理，主厨来自日本名古屋。怀石料理套餐分为两档，分别为 1 280 元人民币和 1 880 元人民币。其菜肴美轮美奂，食材豪华丰盛，完全不输日本当地的怀石料理。

南京路 佐々

人均消费：2 500 元人民币

地点：上海市静安区

“魔都”极负盛名的日本料理店，2018 年开业不久就获得大众点评“黑珍珠二钻”的荣誉，是上海熟客回头率相当高的名店。主厨为两位来自日本兵库县的兄弟，都在京都和东京名店修业过，对料理的审美很高。套餐价格 2 000 元人民币起，以会席料理为主。

怀石料理食记

京料理一子相伝 中村 | 朴实无华却感动人心的怀石料理名店

地点：日本京都　用时：3 小时
人均消费 2 800 元人民币

“京料理一子相伝 中村”（以下简称“中村”）位于京都市政府附近的巷内民宅，与京都旅馆“御三家”的柊家和俵屋只有一街相隔。中村是一家颇为低调的怀石料理名店。京都总计 7 家米其林三星餐厅，相比耳熟能详的菊乃井、吉泉、千花、瓢亭，中村恐怕是最少被国人认识的一家。

中村始创于 1827 年，已有近 200 年的历史，是京都拥有最长历史的知名餐厅。现在的主厨中村元计，已经是第六代传人。餐厅坚守京料理的精髓，由内而外，从餐饮到服务，从建筑到装饰，从摆盘到器皿，都是怀石料理的标杆，所有感官体验都是地地道道的京都风格。若说有哪家餐厅最具有日本传统的京都味道，那非中村莫属。

元旦时，我前往京都，刚好赶上多数高级料亭休假，唯独中村还开业，只提供新年特别套餐，价格不菲，大约 4.4 万日元。

日本许多米其林星级高级日本料理店都是家族经营。通常餐厅就是自己的家，男主人是大将，妻

子是女将，儿子是帮厨，常常一家三口齐上阵。

所以在日本高级料亭吃饭，通常你不会感觉像进入了一个大餐饮集团开的旗舰店那样恢宏气派，反倒有种进入一个有文化的人家里做客、吃一顿主人做的拿手好菜的感觉——朴实无华却感动人心。

推开门进入玄关。听到门口铃铛的响声后，身着蓝色和服，年过半百的女将踩着碎步小跑而来，跪在地上对我行了欢迎礼。脱鞋入室，步入一个宽敞的日式包间。漆成红色的豪华餐桌与墙上的字画彰显着主人高雅的格调。

新年菜单比平日菜单多了好几道菜，菜肴更加丰盛，更有节日的庆祝气氛。而节假日期间，服务员只有女将一人，她却把这里的节奏把握得恰到好处，撤盘、上菜、添水、倒酒的时机精妙得天衣无缝，令人感到无微不至。

女将拿过热毛巾，并端上了第一道菜肴。她十分细心地讲解，英语、日语并用，生怕食客有哪一道菜没吃明白。

第一道菜肴的器皿为一支小花杯，揭开圆盖，热气和香甜的气息扑面而来，原来是一道茶。作为新年菜单的第一道庆祝礼仪，女将这时又跪着向客人鞠了躬，表示新年快乐。

大福茶

梅子昆布茶

茶杯里面是用梅子和昆布做的茶，即大福茶。这是京都自古在正月时饮用的茶，祈祷新的一年无病无灾。茶酸香可口，同时具有开胃的作用。

稍等了片刻，女将端上来一大盘美丽的八寸。

八寸

乌贼、车虾、章鱼、鲍鱼、干青鱼子、鲷鱼寿司等

这道八寸中，中间红色餐具中盛放的为餐前酒，上面竹筒中的两个竹签串起当季各色食材，左边碗中为鲷鱼寿司，右侧盘中为芝麻鱼干。

相传

白味噌杂煮

白味噌杂煮是中村的一大招牌名物，也是京都的传统椀物。出汁并没有用昆布、鲣节这样的清汁作底，而是用味浓、刺激的白味噌，甜中带辛。中间是一块烤年糕，看似朴质无华，味道却饱满丰盈，极具京都特色。

烧物

烤喉黑、丹波黑豆

烤物中的绝美食材——喉黑鱼。喉黑鱼外表被烤得油光闪闪。肉质柔软，味道甘甜肥美。右侧有一小盅京都府丹波町产的顶级黑豆，颗颗珠圆玉润如宝石，吃在嘴里甘甜清香，颇具解腻和调味之效。

向付

比目鱼、章鱼、甜虾

冬季正是虾和章鱼甜美肥厚的时节，这道向付恰到好处地运用了冬季美味的鱼生，肉质甜美，口感弹嫩。

冷钵

三文鱼鱼肉、鱼子和京野菜

这时上来一只绿色贝壳状器皿，打开盖子，红、橙、黄、绿四色齐聚。三文鱼鱼肉、鱼子经过腌渍后，味道浓郁鲜香。

中村的每一件盛放食物的器皿都非常讲究，其中不乏具有上百年历史的日本明治时期的古董，且几乎每道菜肴的餐具都是优雅的有盖器皿，让食客亲自感受揭开盖子的仪式感。

焚合

煮京水菜、虾芋、胡萝卜、牛蒡

焚合可理解为合在一起炖煮（焚），即将多种食材煮在一起，相互搭衬，属于丰盛的煮物。

中村这道煮物用到了 4 种有名的冬季京野菜：堀川牛蒡、虾芋、金时胡萝卜和京水菜。其中金时胡萝卜用刀刻了龟壳的纹理和形状，代表长寿，以祝贺新年。4 种京野菜口感鲜嫩甘甜，煮得软烂可口。

点缀其上的是明太子和柚子碎，令整道料理多了丰富的味道和口感变化。

箸休

海参、冬笋

这一道箸休意味着酒肴这半场到此结束，将开启下半场饭肴。这道箸休有肥厚滑嫩的海参和清香鲜脆的冬笋，味道清爽。

蒸物

蒸腐皮、海胆、鸡蛋羹

绿色钟铃状的碗里盛放的是鸡蛋羹，它可不是简单的茶碗蒸，食材用的是京料理中常用的豆腐皮，

搭配甜美的海胆。品尝一口，口中迸发出鲜甜的味道，浓郁、暖心、醇厚，口感丰富又内敛。

名物

甘鲷酒烧

紧接着上来的是一个硕大的黄色圆碗，看到这架势就知道主菜来了。这就是中村最为出名的那道菜——甘鲷酒烧。它采用上等甘鲷，用盐腌渍过夜后，在烧烤过程中反复加入清酒，烧烤后再倒入清酒一起食用。

压轴大菜名不虚传，一掀开盖子就能闻到扑鼻而来的鱼香和酒香。浅渍的鱼肉兼具柔嫩和紧致，风味因熟成后失去水分而得以集中，旨味凝缩。佐以碗底的清酒，甘鲷的甜美得以最大限度地展现。

然而吃完鱼肉还不是结束，当碗里只剩鱼骨、鱼皮时，女将再次推门而来，手捧铜壶，在碗中倒入滚烫的鱼汤，让鱼香、酒香和出汁的鲜味融为一体。

原来这才是这道名物的真实面目，喝一口汤汁，香气在口中瞬间迸发，清酒的醇、鱼肉的香和鱼汤的鲜共同构建出醇厚细腻的海味，这一刻终于体会到旨味之所在。

刷新了对鲜味的认知，是这一道名物带给我的震撼。这并非平常的怀石料理中所见的手法，也并非现代会席里常有的味道。这道有 100 多年历史的菜肴，让这套怀石料理达到了登峰造极的境地。

简单的食材、不复杂的料理技巧，却造就了压倒性的美食冲击力，这就是中村的魅力。

御饭

米饭、渍物、煎茶

御饭十分传统，就是白米饭。米用的是高知县有名的吟梦大米，米饭晶莹剔透，外形细长，黏糯可口。渍菜可是京都的拿手名物，酸脆可口。

吃完御饭主食，最后一道便是水果。

水物

草莓、香瓜

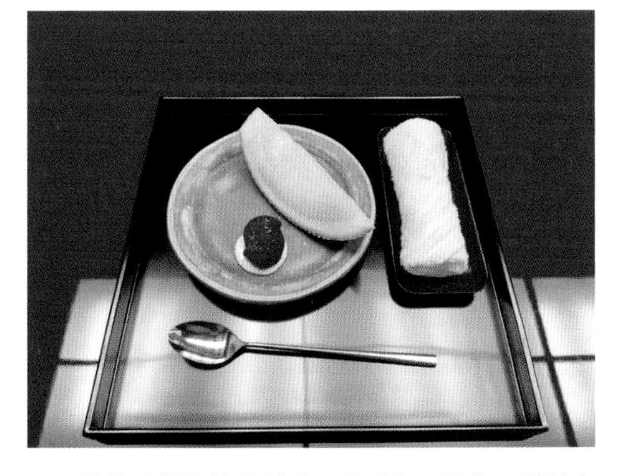

甜美软烂的静冈香瓜，几乎入口即化，甜得令人沉醉。草莓饱满，果肉酸甜，下面铺着奶油。完美的一餐到此结束。

吃了整整 3 小时，我起身离去。女将在一旁为我披上外衣，大将中村先生在门口伫立等候，亲自为我送行。

屋外小雨淅沥，愈走愈远，蓦然回首，大将和

女将依然在远方鞠躬目送我远行。

这一餐让我领悟到了“一期一会”的深意，中村用最优美的环境、最丰盛的餐食和最优质的服务招待客人；一辈子只有一次的相会，当下时光不会再来，须珍重之。中村达到了这一境界：“难得一面，世当珍惜。”我深深体会到京都这一日本古都的独特魅力。

第三章

天妇罗

天妇罗的历史

天妇罗是一种油炸食品。天妇罗三个字本身并没有什么含义，和天气、妇女、罗汉更无关联。16 世纪葡萄牙传教士将西式油炸方法传入日本，天妇罗这个词实际上来源于葡萄牙语 tempêro（调味料）。随着江户幕府开府，天妇罗由长崎传入江户，后来江户时期低价菜籽油问世，天妇罗这种原本金贵的料理终在民间广为流传。

现在天妇罗已经成为江户前的三大美食之一（另外两大美食为寿司和荞麦面）。

油炸物，不论是做成街边小吃还是高级餐厅的艺术品，都有着让人无法抗拒的迷人风味。

除了街边天妇罗小吃，天妇罗还常在会席料理中以其中一道菜的形式出现。另外还有许多天妇罗的专门料理店，全餐 10 余道菜都以天妇罗的形式呈现。米其林星级的高端天妇罗店，一餐人均消费可达 1 000 元人民币左右。

《近世职人尽绘词》（1806 年）中的天妇罗铺

天妇罗的构成

天妇罗的做法看似只是简单油炸，实际上却有许多门道，从炸油的选择和配比，到油温的控制，再到根据每种食材的含水量来决定其油炸时间，甚至连面粉过筛（使空气混入）都会有非常多讲究。天妇罗大师都是在几十年的思索和磨练中，将天妇罗这种料理做到极致美味的。

下面我们就来了解一下，天妇罗 3 个最重要的组成部分：油、衣和食材。

选择炸油是天妇罗料理中非常重要的环节，不同天妇罗店对炸油的选择也有所不同。一般以芝麻油为主要炸油，也可用棉籽油、红花油等。日本天妇罗芝麻油，比如太白胡麻油，其味道有别于中国芝麻油，略有芝麻香气又不会黏稠浓郁，味道柔和轻盈。

炸制天妇罗时，油温常在 180~220 摄氏度，不少讲究的店甚至会用两口不同温度的油锅。

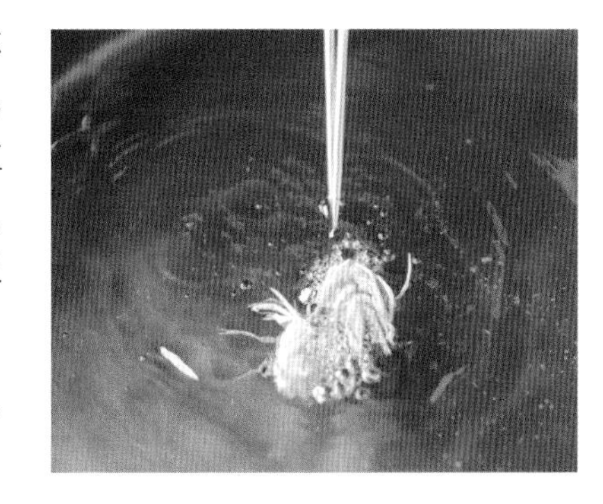

衣即包裹在食材外面、炸过后酥脆的面衣，面衣由面粉、鸡蛋和水共同构成。

面衣的好坏是决定天妇罗口味的关键因素。好的面衣应当有轻盈酥脆的质感，而不是一坨软趴趴的厚实面筋。

面衣的作用是将食材与炸油隔离，让天妇罗内部形成“蒸”的效果，在释放水分的同时，提炼旨味，保证食材本身的鲜嫩风味。

天妇罗和其他和食料理一样讲究“鲜”。所谓“七分食材，三分手艺”，货好不好，是评判一家天妇罗店质量的重要标准。

油炸只是食物的一种处理手法，在轻盈薄脆的面衣下面，最终要呈现给食客的，还是食材本身的风味和品质。

常见的天妇罗食材有斑节虾、鱼类、贝类、蔬菜等。在后面的章节中我还会细说。

天妇罗的吃法

吃天妇罗的时候讲究趁热食用，厨师刚从油锅中夹起冒着热气的天妇罗时，是其最美味的时刻。就像小野二郎经常光临是山居天妇罗店时的那幅画面：每道天妇罗快炸好时，他都举着筷子等待着，一做好就放入口中，品味刚出炉的美味。

而热乎美味的天妇罗常常并不干吃，而是蘸料食用。常见的天妇罗蘸料为萝卜泥、盐和柠檬，需要根据食材种类的不同蘸取不同的蘸料（吃的时候，主厨一般会告诉你每一道天妇罗要蘸什么料）。比如斑节虾天妇罗只蘸盐吃，以保持其弹嫩鲜甜的风味；而星鳗天妇罗则蘸着清爽的萝卜泥食用，以平衡其丰盈的油脂；柠檬则可在鳕鱼天妇罗上挤一点儿，用来解腻提鲜。

在吃天妇罗料理的时候，食客面前的桌上常会摆有 3 样蘸料，如下图所示：

天妇罗的制作

我们在普通日本料理店吃到过的那些面衣极厚、油油腻腻的天妇罗，都是因为油温过低，只好延长在热油中的浸入时间，这也导致面衣吸油过多。真正好的天妇罗，面衣薄如蝉翼，都是在锁住食材鲜嫩风味的同时，增添一抹油酥的香味，绝不会让人吃得满嘴油腻，反而像是在吃食材本身一样，鲜美多汁。只不过通过天妇罗的料理手段，这原本就美味的食材更热更香罢了。

面衣过厚的天妇罗

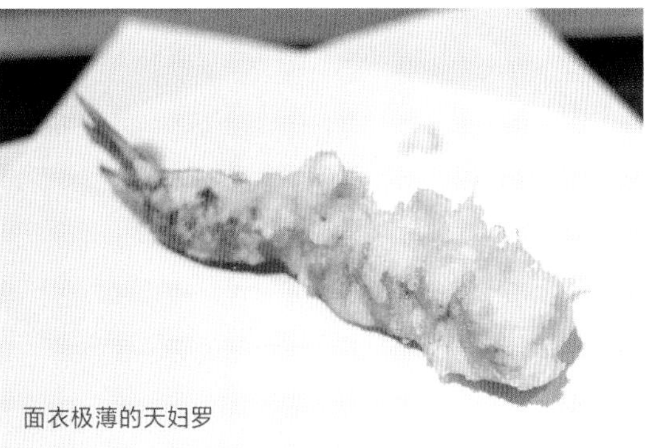
面衣极薄的天妇罗

天妇罗究竟是一种怎样的料理手法？按照“天妇罗之神”早乙女哲哉的说法，油炸实际上是蒸和烤同时进行的烹饪方法：食材中的水分在面衣的包裹下，形成内部“蒸”的作用，随后外表面衣被 200 摄氏度的热油烘烤，最终形成外酥里嫩的极致美味。

早乙女哲哉的星鳗天妇罗 | 图片来自 City Foodsters

斑节虾

車海老 | kurumaebi

prawn

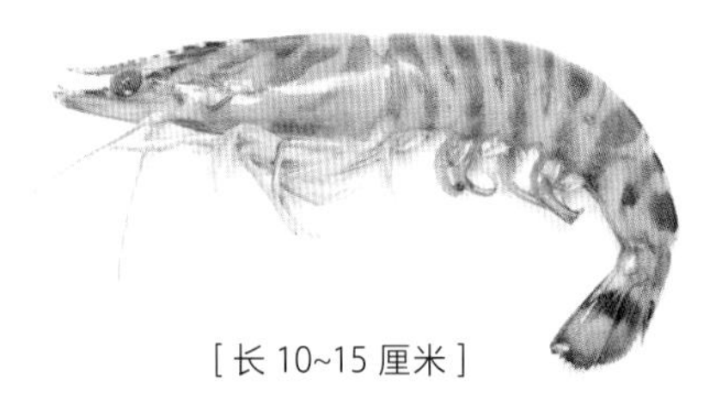

[长 10~15 厘米]

斑节虾，绝对是天妇罗料理中的“头牌”。绝大多数天妇罗料理店都会用到斑节虾，并且通常都作为第一道天妇罗菜肴呈上。斑节虾炸得好不好，一下就能看出这家店的水准。

斑节虾讲究的是新鲜，直到油炸前才现杀，还讲究炸出的虾身舒展、笔直，为此，天妇罗师傅会将虾筋掐断，使得虾身在烹饪时不会卷曲。

虾类天妇罗常常是将头部和虾身分别制作，分成两道呈现。斑节虾天妇罗为蘸盐食用。

虾头炸成金黄色，
入口酥脆通透，
香气满口。

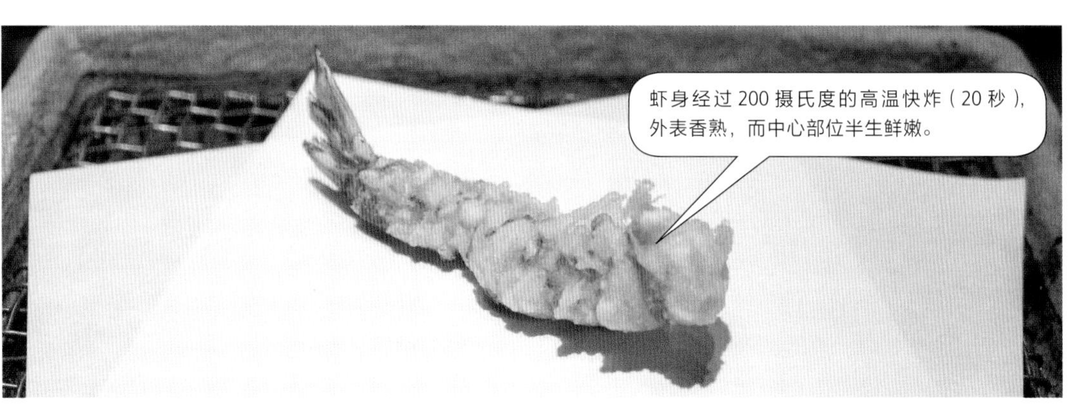

虾身经过 200 摄氏度的高温快炸（20 秒），
外表香熟，而中心部位半生鲜嫩。

鱚鱼

鱚 | kisu

smelt / silago

[长约 16 厘米]

鱚 [xǐ] 鱼，在中国俗称沙梭鱼，是鱼类天妇罗里最重要的食材，正所谓“寿司不可无鲔，天妇罗不可无鱚”。其细腻鲜美的肉质，经过天妇罗的料理手法，获得了面衣酥脆香浓、鱼肉柔软清新、对比强烈且鲜明的迷人口感。

面衣厚重均匀，锁住鱼肉中的水分。鱚鱼鲜美嫩滑，香气扑鼻。

香鱼

鮎 | ayu

ayu fish

[长约 14 厘米]

纤细美味的香鱼，也是制作天妇罗的鱼类里十分受欢迎的食材。苦中带甜的微妙口感让香鱼的味道多了一些层次和变化，如同茶一般，先苦涩后鲜香，被食客誉为“茶香芬芳”。

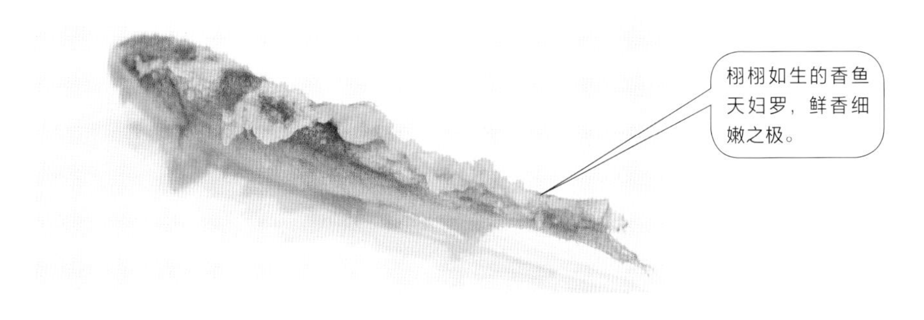

栩栩如生的香鱼天妇罗，鲜香细嫩之极。

星鳗

穴子 | anago

sea eel

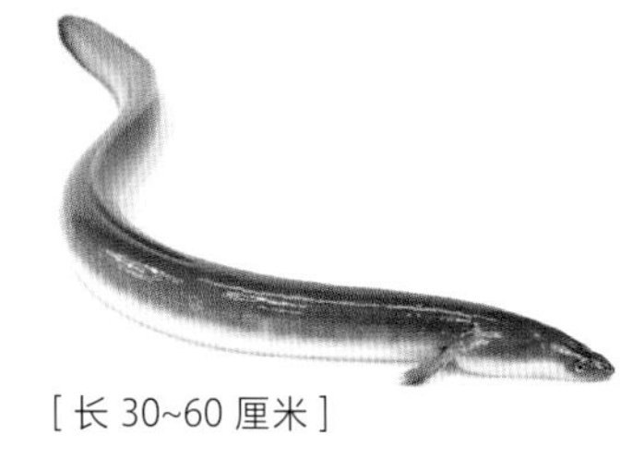

[长 30~60 厘米]

星鳗天妇罗堪称天妇罗店的招牌菜肴，是一道重头戏。厨师用铁筷将炸星鳗劈为两半，伴随“咔嚓”一声，香气犹如浪花四溅般扑面而来，热气好似万马奔腾升腾而去。这是一道极具观赏性的天妇罗，同时也是绝对的美味，在酥脆的面衣下，细嫩绵密的鳗鱼肉鲜香可口。

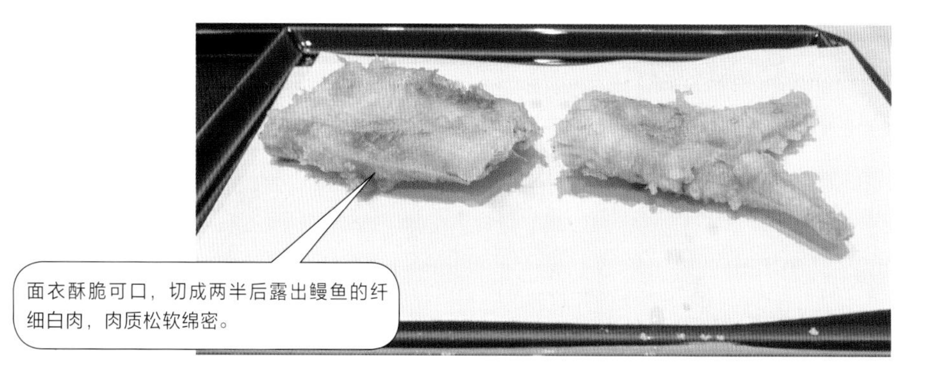

面衣酥脆可口，切成两半后露出鳗鱼的纤细白肉，肉质松软绵密。

鱿鱼

烏贼 | ika

squid

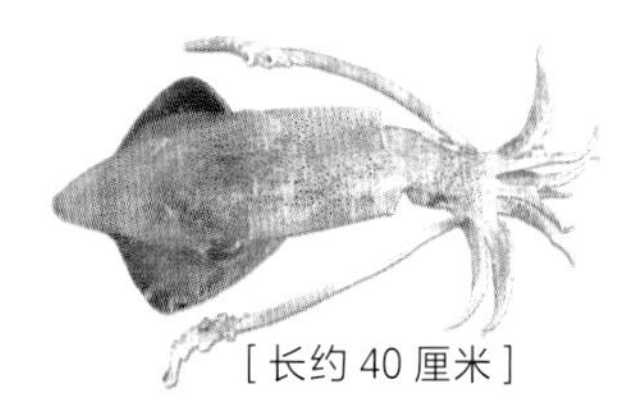

[长约 40 厘米]

天妇罗中的经典菜肴之一，就是炸鱿鱼。吃鱿鱼天妇罗的妙处就在于外表酥脆和肉质鲜嫩的对比，食材略微脱水，将鲜味浓缩。

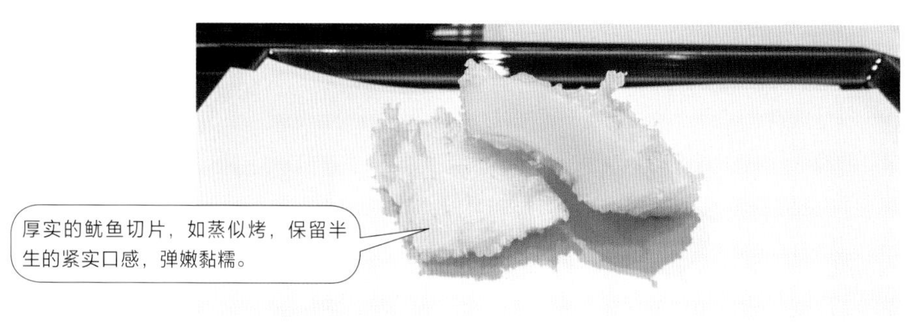

厚实的鱿鱼切片，如蒸似烤，保留半生的紧实口感，弹嫩黏糯。

甘鲷

甘鯛 | amadai

tilefish

[长约 16 厘米]

甘鲷虽然也叫鲷，但其实和寿司与怀石料理中常见的鲷（真鲷）并不是同一种鱼。真鲷是鲷科，而甘鲷是马头鱼亚科，所以甘鲷在国内又被称为方头鱼或马头鱼。甘鲷正因其甘美之味而得名，甘鲷立鳞天妇罗则是最美妙的做法——既有鱼鳞的香脆，又有鱼肉的甘嫩。

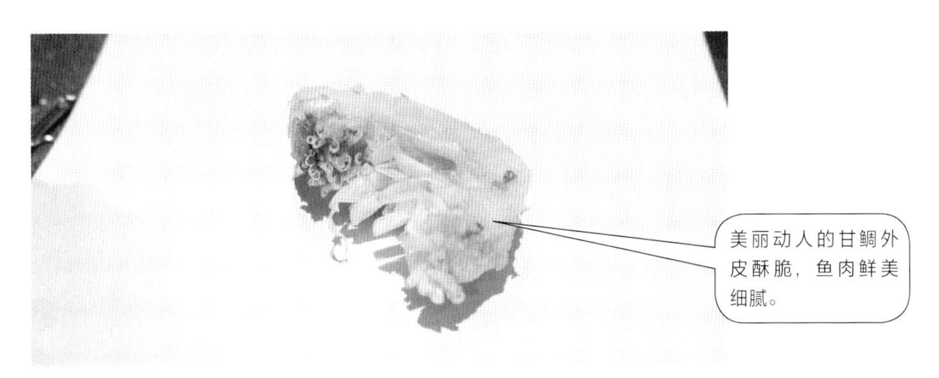

美丽动人的甘鲷外皮酥脆，鱼肉鲜美细腻。

海胆

雲丹 | uni

sea urchin

[直径约 10 厘米]

海胆是天妇罗料理中的常用食材，软糯的海胆通常由海苔或紫苏叶包裹起来，炸过之后外表香酥，里面的海胆却依旧半生鲜甜。

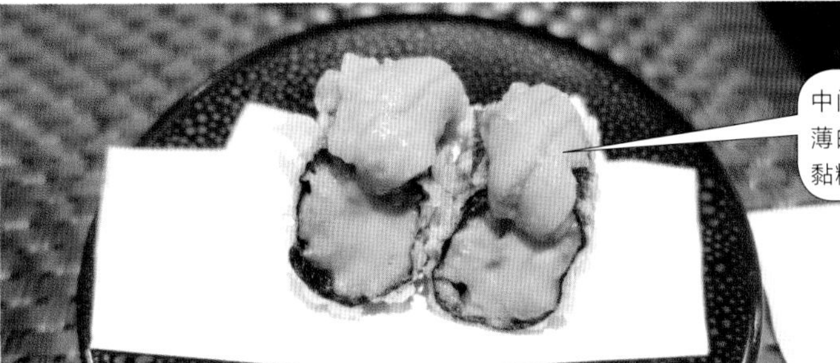

中间呈半生状，用清香细薄的海苔锁住海胆的鲜甜黏糯。

芦笋

アスパラガス | asuparagasu

asparagus

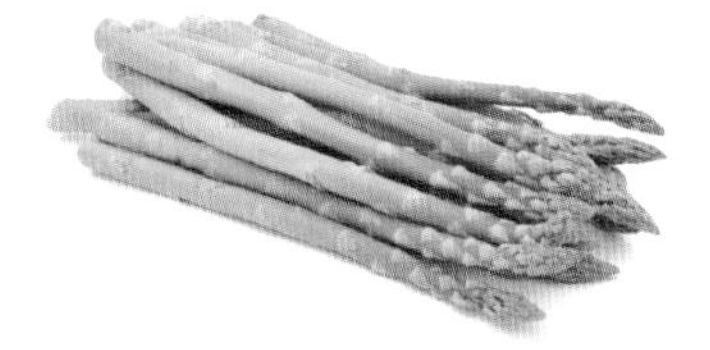

起初天妇罗料理只炸鱼类、贝类，直到后来才有了蔬菜天妇罗。芦笋这种原本在西餐中常见的食材，则是蔬菜天妇罗中的代表。日本北海道产的芦笋最清香多汁。

芦笋选材极佳，经油炸后如同蒸过一般，脆嫩多汁，清香中微苦。

莲藕

蓮根 | renkon

lotus root

味道甘甜清新的莲藕是天妇罗料理中的“老三样”之一（另外两样是虾和南瓜）。它口感脆爽，味道清香。以日本茨城县霞浦湖产的莲藕为最佳。

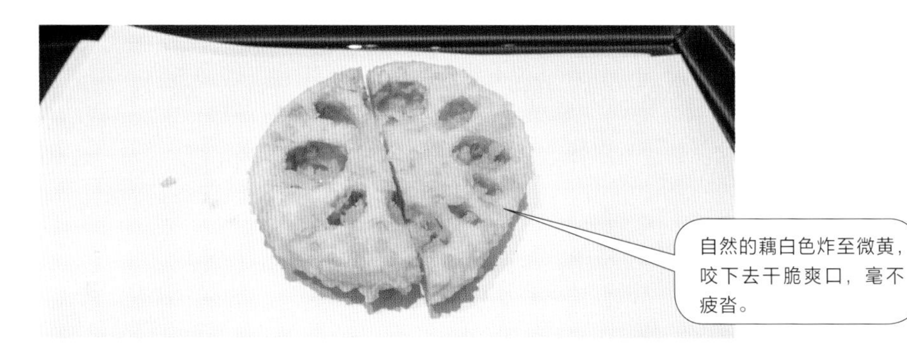

自然的藕白色炸至微黄，咬下去干脆爽口，毫不疲沓。

松茸

松茸 | matsutake

matsutake

菌菇类是天妇罗料理中的重头戏，使用较多的有香菇、松茸、舞茸。其中松茸因浓烈的奇香而极受日本人欢迎。品质最佳的松茸应个头大且尚未开伞（香气成熟，菌柄又不会太老太硬）。

"外炸内蒸"的典型代表，锁住香气，鲜嫩多汁。

舞茸

舞茸 | maitake

hen of the woods

舞茸是另一种常见的天妇罗料理菌菇类食材，正如其名，舞茸看似"张牙舞爪"如同跳舞一般。同是高级菌类，舞茸虽不如松茸那般奇香浓郁，但在质感上更加鲜嫩可口。

极具张力的外形！被面衣包裹着的脆嫩舞茸，香味被凝缩提炼。

红薯

薩摩芋 | satsumaimo

sweet potato

红薯天妇罗是天妇罗料理中最考验主厨耐心的一道，因为炸好它需要长时间（30分钟）低温微火，在整个过程中不断悉心照看，终炸得外表香脆可口，里面全熟甜糯。

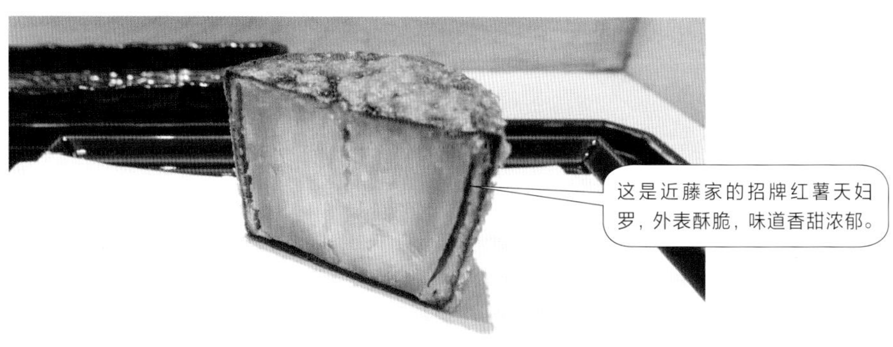

这是近藤家的招牌红薯天妇罗，外表酥脆，味道香甜浓郁。

茄子

茄 | nasu

eggplant

茄子以外表通透明亮，内芯质地柔软为特色，这也使它成为特征鲜明的天妇罗蔬菜食材。茄子品种以日本京都府产的贺茂茄子为最佳，柔嫩清香，口味别具一格。

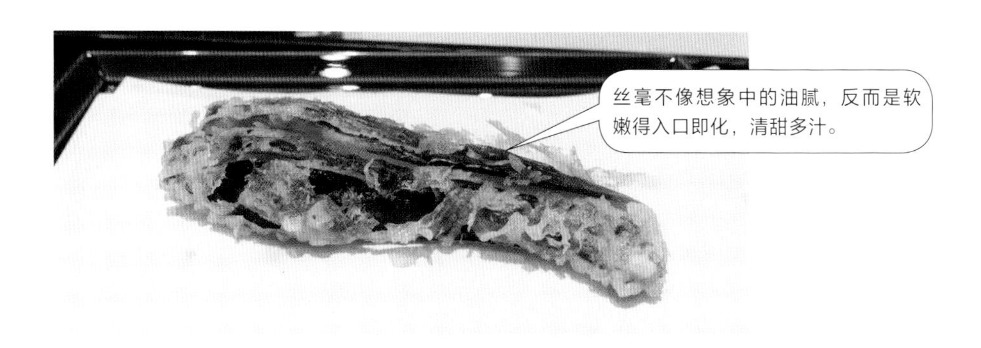

丝毫不像想象中的油腻，反而是软嫩得入口即化，清甜多汁。

蚕豆

空豆 | soramame

broad bean

蚕豆和红薯类似，都属于淀粉类天妇罗，外表被炸得香而酥脆，咬开薄薄的面衣，里面的豆子像是被蒸熟的一般，清香四溢。

豆子外表炸至香酥可口，内里豆香十足。

南瓜

南瓜 | kabocha

pumpkin

南瓜是最常见的天妇罗食材之一，日本料理店的天妇罗“老三样”便是虾、南瓜和莲藕。南瓜以甜美黏糯为佳，干瘪生硬为劣。

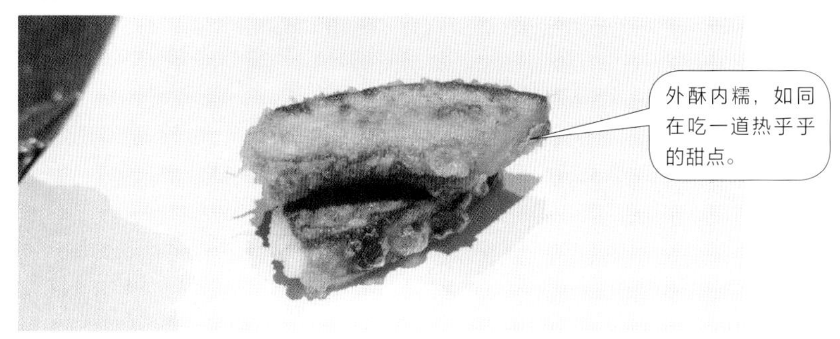

外酥内糯，如同在吃一道热乎乎的甜点。

天丼

天丼 | tendon

tempura rice bowl

在天妇罗单品炸完后，天妇罗套餐进行到最后阶段，这时主厨通常会问客人御饭想吃天丼还是天茶。丼，是日语，意思是盖饭。所以天丼即为天妇罗盖饭，是将虾、贝柱、蔬菜等食材炸成一团，盖在米饭上食用，抹上酱油，味道浓厚醇香，非常美味！

既然是主食环节，那么和怀石料理的御饭一样，与天丼一同呈上的还有煎茶、渍物和味噌汤。

天茶

天茶 | tencha

tempura rice with tea

天茶是天妇罗茶泡饭的简称，即将炸好的虾、贝柱和蔬菜等先盖在米饭上，然后倒入热茶，上面再撒上山葵和海苔丝食用。

对比天井的浓重口味，天茶则清淡温雅了许多，米饭也较为柔软清香。各有各的美味，在吃的时候大家按照自己的喜好和口味挑选即可。

天妇罗餐厅推荐

相较于寿司和怀石料理，天妇罗料理的价格算是平易近人了许多。从在居酒屋或面馆里点的一道一两百日元的天妇罗单品，到天妇罗料理连锁店一顿几百日元的天妇罗料理，再到高端的天妇罗店里上万日元的主厨推荐套餐形式，天妇罗的价位选择可谓多样。大家可根据自己的预算选择合适的餐厅。

天丼 · 天妇罗盖饭

天丼てんや

人均消费：60 元人民币

地点：百家分店遍布日本

日本大街上最常见的天妇罗料理连锁店，全日本有几百家分店，并且价格十分亲民，堪称天妇罗中的“麦当劳”。

一份天丼仅需 540 日元，一个天妇罗拼盘售价 940 日元。这确实是旅行时走过路过顺便品尝一下天妇罗美味的好去处。

近藤

てんぷら 近藤

人均消费：500 元人民币

地点：日本东京银座

这家位于东京银座的米其林二星天妇罗店，午市套餐仅需 6 500 日元，绝对堪称最具性价比的米其林餐厅。季节性的时蔬天妇罗是其特色，其中单点的红薯天妇罗是招牌菜。需要注意的是，在预定时需特别提出要坐近藤文夫的炸台旁，否则可能会被安排到近藤的儿子那里。

图片来自 City Foodsters

是山居

みかわ是山居

人均消费：1 350 元人民币

地点：日本东京江东区

“神”的店总是会令人向往，这家位于东京江东区的住宅区里的是山居，已经成为许多日本料理爱好者的朝圣之地。天妇罗到底能够美味到何种境界，只有吃过后才能知道。价格自然不菲，套餐需 2 万日元，必须提前预定。用餐完毕后，主厨早乙女哲哉会给客人画虾并签名，很有收藏价值。

しん喜一郎 LAI

人均消费：800 元人民币

地点：北京市朝阳区

近年来，日本料理餐厅在国内如雨后春笋般发展，北京、上海等一线大城市也终于陆续有了天妇罗的专门料理店。而しん喜一郎 LAI 正是“帝都”两三家天妇罗店之一。

70 多岁的日本主厨浅野基一郎，专注天妇罗 50 多年。相比雪崴之奢华豪迈，浅野对天妇罗料理的表达更加含蓄和精致，技艺与食材都很恰当，高丽参天妇罗和水果天妇罗是其特色。价位有 680 元人民币和 980 元人民币两档可选，午市还有商务天妇罗定食。

天妇罗 · 天吉

人均消费：1 680 元人民币

地点：上海市徐汇区

上海一直是国内日本料理的领军城市，在全国天妇罗专门店屈指可数，北京还只有 2 家的时候，上海已经拥有 5 家天妇罗专门店。而这其中，又以天妇罗 · 天吉为上海天妇罗餐厅中的翘楚，极佳的品质、极高的水准，使其被认为是上海最值得吃的餐厅。

主厨吉田曾就职于东京米其林一星天妇罗名店元吉。天妇罗 · 天吉价格高达 1 680 元人民币的主厨套餐包含天妇罗、酒肴、小菜等，林林总总近 30 道。

天妇罗食记

雪崴 | 探访“天妇罗之神”的大弟子

地点：北京三里屯　用时：1.5 小时
人均消费 899 元人民币

遥想当年，在“天妇罗之神”早乙女哲哉的料理店是山居生意还没那么红火的时候，有一个大徒弟一直陪伴在这位大师身边。师傅的店刚开业的时候，生意惨淡，只有大师和徒弟两个人相依为命，同甘共苦。后来在徒弟的默契搭档下，师傅的店越发被外界认可，生意越来越好，连米其林星级餐厅的荣誉也于 2012 年降临是山居。这家位于东京江东区住宅群中的偏僻料亭，终成一家被万人追捧的名店。

而这位“天妇罗之神”的大弟子，就是中国人张雪崴。

在早乙女哲哉门下学艺 12 年后，35 岁的张雪崴于 2015 年离开师傅，回到中国，在北京三里屯自立门户，以自己的名字开创了一家天妇罗料理专门店。

百闻不如一见，在张先生开店 3 年后（应当是他实力已成熟的时候），我终于拜访了雪崴天妇罗店。下面就随我一起，见识一下“天妇罗之神”大弟子的店。

从热闹时尚的工体北路往南一拐，街道就像换了一副面孔，喧闹被落在后面，变得冷清萧瑟。经过一个烟酒茶小卖店，往两栋建筑的间隙里一拐，就看见左手边一座木门的灯箱上写着“雪崴”二字。

工作日的中午并不繁忙，只有我这一桌客人。其实原本还有几位客人预约，可他们突发情况，派了一个代表前来取消座位，雪崴也并没有生气，乐

呵呵地点头鞠躬表示欢迎下次光临，然后默默地收起了准备妥当的几大铁盘新鲜食材。

一对一的服务可谓神级享受，雪崴也放松了心情，一边料理一边与我侃侃而谈。

在聊天中，他说吃过 40 余次小野二郎做的寿司，我正惊叹着，第一道前菜呈上了。

开胃前菜

莼羹

古诗有云："自有莼羹定却人。"莼羹以鲜美嫩滑著称。莼菜本身含有透明胶质，如同小鱼一般在嘴中滑来滑去，咬下去脆爽清嫩。仔细看碗中，还有许多极小的蘑菇，精致得像小人国里的玩具。羹汁清凉微酸，是非常开胃的美味前菜。

酒肴 1

有马山椒煮海鳗

常去日本的朋友应该知道，兵库县的有马温泉非常有名，而与温泉同等出名的，就是那里产的山椒。有马山椒自古便是顶级的山椒品种，以独特的口感和辛辣著称，而用"有马煮"的方式烹饪海鳗，则是鳗鱼的绝佳做法，香味十足。鳗鱼刺多且细，需细心品尝。

酒肴 2

松叶蟹

鲜嫩无比的煮蟹腿肉呈丝丝缕缕状，佐以蟹黄，搭配蟹醋食用，酸爽香糯之极。

酒肴 3

赤贝金枪鱼刺身

雪崴祖籍辽宁，有着东北人特有的豪迈，从食材的用料上就能看出他的热情大方。雪崴用的食材

极大、极肥，用料十足，这道刺身单是赤贝就硕大无比，另外还有两块金枪鱼中脂和大脂，入口即化，酸味迷人。

酒肴 4

文蛤汤

汤汁鲜美清香，文蛤稍有些老。吃完一道前菜加四道酒肴，天妇罗没上我就已经半饱了，雪崴用料豪放可见一斑。

这时他开始筛粉，粉筛得颇有节奏，如同打击乐一般，天妇罗终于要登场了。一边观看雪崴的料理手法，我一边想着：如果只有一位客人，开这一大锅的太白胡麻油，恐怕连油钱都回不来吧。

这时油锅开了，雪崴将准备好的斑节虾蘸了面衣，甩入油锅，油锅中顿时噼啪作响。

天妇罗 1

斑节虾身

雪崴的食材选自京深海鲜市场，严选肥美的广西明虾。这道斑节虾天妇罗一上桌，我就知道值了。虾身笔直，卖相极佳，虾肉饱满。吃进口中，面衣薄脆，肉质极弹。

天妇罗 2

斑节虾头

两个金黄色的虾头，虾须甚至都是完整的。入口酥脆，香味十足。对比“近藤”“山之上”派清淡纤细的虾头，雪崴的少了一些肉质的鲜嫩，更多了些酥脆的油香。

雪崴的店里墙上挂着作家冯唐书写的“有女怀春”（出自《诗经》），以及日本陶艺大师德田八十吉书写的“一期一会”。

天妇罗 3

墨鱼

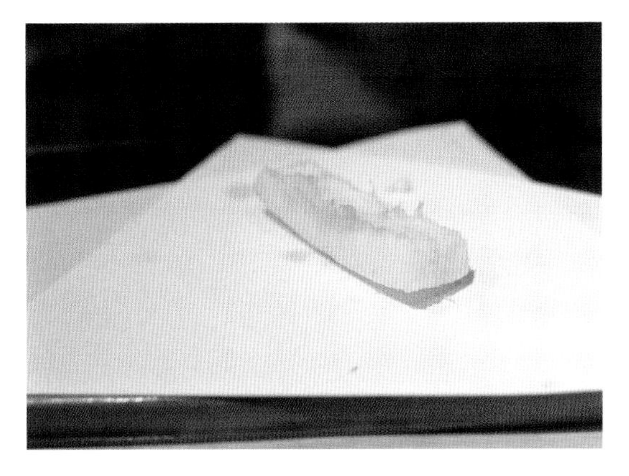

墨鱼面衣薄透，在面衣的包裹下凝缩了鲜味，口感软嫩黏糯，像吃年糕一般。

天妇罗 4

紫苏海胆

“天妇罗之神”的招牌海胆——用两片紫苏叶将海胆像三明治一样夹起。雪岚的用料依旧饱满，紫苏叶中金黄色的海胆几乎要溢出。雪岚的海胆处理火候更熟，并没有像想象中那样海胆中间是半生的（如同奶黄包一样），面衣的色彩也更加浓重。在我看来，并没有高低好坏之分，海胆的味道和口感更熟、更面，像煮熟的蛋黄一般，搭配紫苏叶的香味，让人吃完有极大的满足感。

天妇罗 5

松茸

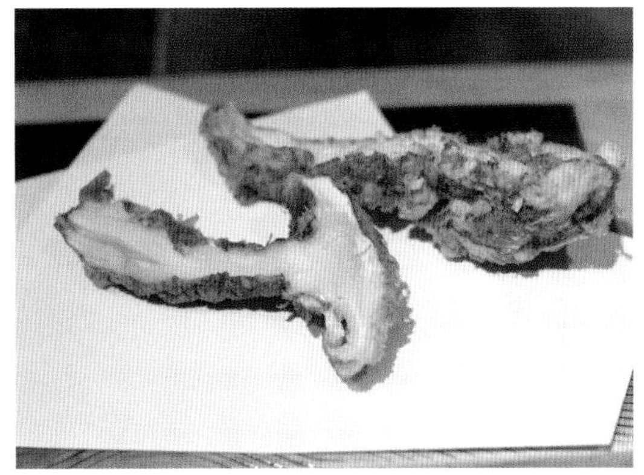

雪岚的选材是真的大，这颗来自长白山的松茸硕大无比，用筷子掂量一下，感觉没有 100 克也有 50 克。入口后，松茸的香味满嘴铺开，极为多汁，鲜香气息全浓缩在汁水之中。

天妇罗 6

星鳗

雪岚和师傅早乙女哲哉用一样的手法，将星鳗优雅地用铁筷一切为两段。这道星鳗天妇罗的身段极为肥美，长度极长，堪比其他天妇罗店星鳗的 2 倍。面衣着意稍厚，吃起来香酥细腻，星鳗的白肉鲜美无比。

吃完星鳗，我已经感觉到饱腹，量大绝对是雪岚店的一大特点，下次再来要做好“扶墙进，扶墙出”的生理和心理准备。

以往他的店里还有 599 元人民币和 899 元人民币两档可选，现在只做 899 元人民币的套餐了。

天妇罗 7

芦笋

芦笋面衣薄透，有略糊的痕迹。芦笋个头不小，口感鲜嫩，但汁水并不算丰盈，恐怕北京的食材是"瓶颈"。

天妇罗 8

香菇

香菇散发出淡淡的菌香，伞下还有虾泥，炸在一起味道更加鲜美。

天妇罗阶段到此为止，菜单结构和其师傅早乙女哲哉的几乎一致，只是少了两种鱼而已，前菜比师傅的更豪华。

随后是主食阶段，选择天井还是天茶由自己决定。

御饭

天茶

我选了自己更喜欢的茶泡饭，鲜香可口。搭配的香物为胡萝卜、白萝卜和黄瓜，几样渍菜并不酸。

味噌汤为口味浓重的赤味噌。

甜点

蕨饼

餐后甜点是经典的日式和果子——蕨饼。蕨粉制成的糕点上撒有黄豆粉，下面用红糖勾芡。整道甜点豆香味十足，全餐到此结束。

如果喜欢昂贵的日本水果，还可以再添 200 元人民币单点一道水物——静冈蜜瓜。奈何我在这时已经吃到嗓子眼，无福消受了。

雪崴有自己的料理哲学，有广阔的美食眼界，有名师的手艺传承，还有追求完美的匠人精神，堪称北京值得品尝的日本料理店，难怪不少人认为雪崴是“京城第一日本料理”。

与师傅不相伯仲，依稀能看到“神”的影子，况且还比师傅店的便宜了许多。最关键的是，雪崴将天妇罗料理的极致美味带回中国，让大家能够不出国门就享受地道的顶级天妇罗，可谓功莫大焉。

第四章
丼
どん | don

丼是什么？

“丼”在这里的读音和意思都不是汉字中的“井”。丼的日语读音为 don，是盛饭的碗的意思，日本人用碗这个盛具来形容其盛放的料理形式——盖饭，因此丼就可以理解为“盖饭”，比如：牛丼等同于牛肉饭，海鲜丼等同于海鲜饭，鳗丼等同于鳗鱼饭。我们在说“丼”的时候，也通常采用日语发音，将“丼”简读成 dōng。因此天妇罗饭，读成天丼 [dōng] 就可以了。

深川丼

丼物（大碗盖饭）的历史相当悠久，在日本室町时代（1336 年—1573 年）就有类似茶泡饭形式的“芳饭”，这是日本最早的丼物。后来在江户时代（1603 年—1867 年），日本还出现了深川丼（深川饭），18 世纪开始出现鳗鱼饭，1891 年发明出了亲子饭，1913 年出现了炸猪排饭。正因为丼物制作非常方便，并且营养丰富，因此不断发展出多种多样且广受欢迎的类型。当然这与日本人爱好米饭有着极大的关联，丼物最重要的部分其实还是米饭，一碗好米是做出美味丼物的基础。

但要知道的是，单纯的白米饭并不能称作丼物，而应视作御饭，只有盖浇饭形式的食物才能算是丼物。其实在古时候，日本人讲究将主食（米饭）和配菜分开食用，类似怀石料理中“一汁三菜”配上白米饭的形式。因此日本人起初无法接受将配菜浇在米饭上的吃法。近百年来，日本人才发现配菜的酱汁渗入米饭中，会使得米饭更加美味，开始接受这种主食和配菜混在一起的食用方式。

丼物可谓多种多样，任何食材都可以浇在香喷喷的米饭上面做成丼物。最常见的丼物有：牛肉饭、亲子饭、炸猪排饭、咖喱饭、天妇罗饭、鳗鱼饭以及海鲜饭。

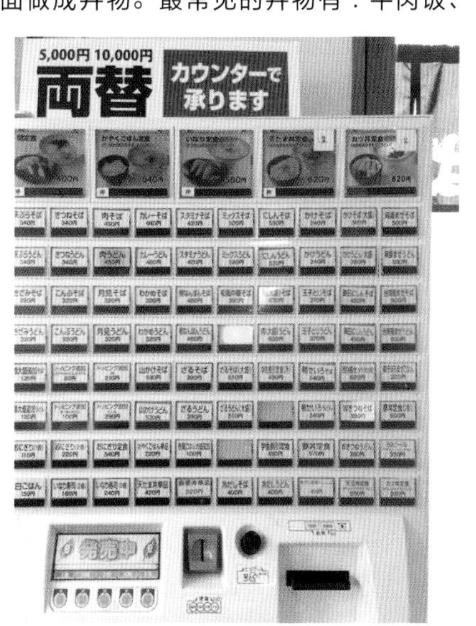

在日本旅行期间，最实惠且能填饱肚子的餐饮类型便是丼物，一顿饭只要 500~1 000 日元，在疲惫的旅途中吃上一碗，瞬间使人满血复活。尤其是带父母出游时，长辈们通常吃不习惯生冷的刺身、寿司，也吃不习惯油腻的天妇罗和铁板烧，那么带他们来吃日式盖饭则是最佳选择，既能品味到日本料理的特色，又可以吃得满足。热气腾腾、香味十足的盖饭，一定能博得所有同行者的喜爱。

值得注意的是，日本丼物餐厅的点餐方式不是坐进店里就会有服务员拿来菜单供你点餐。通常店门口设有右图这种具有日本特色的自助食券贩卖机，想吃什么在机器上选好，将硬币投入其中，机器即可吐出食券，拿着食券进店并将其交给服务员才算点餐完毕。

牛肉饭

牛丼
gyūdon

牛肉饭是最常见的日本丼物，在日本的街头，随处可见牛丼餐厅，招牌餐食便是这碗香甜入味的牛肉饭。牛肉饭是由切成薄片的牛肉和洋葱、酱油、砂糖一起煮得软烂，然后浇在热气腾腾的米饭上而成，营养均衡且美味可口。牛肉饭在日本是最具性价比的食物，一碗只要 350 日元，这对于高工资、高消费的日本人来说，仅相当于 20 分钟的工资。

牛肉饭的历史并不悠久，日本自明治时代才开始“肉食解禁”，因此直到 1862 年，才在横滨港有了第一家牛肉饭餐厅，后来吉野家于 1899 年在东京日本桥开业，可谓牛肉饭的百年老店。

吃牛肉饭首推“牛肉饭御三家”，分别是食其家、吉野家和松屋。这三大牛肉饭店铺遍布日本各大城市，几乎每个地铁站的便利店旁都至少会有一家卖牛肉饭的连锁店。另外，食其家和吉野家在中国也开设了几百家分店，可尽情享用。

亲子饭

親子丼
oyakodon

鸡肉鸡蛋亲子饭

三文鱼亲子饭

亲子饭是日本的特色盖饭，所谓亲子，即同时包含鸡肉和鸡蛋，或者三文鱼和三文鱼子这种类似“父母”和“孩子”的搭配。亲子饭营养非常丰富，日本家长经常给孩子做，作为促进成长发育的滋补丼物，是日本家喻户晓的平民美食。

鸡肉鸡蛋亲子饭是极受欢迎的丼物。弹牙的鸡肉和嫩滑多汁的半熟鸡蛋，混合着米饭，香浓滑润，一口接一口，简直停不下来。

相比之下，三文鱼亲子饭的味道则更加鲜美和生冷，三文鱼子在口中被咬破，爆出咸鲜的汁水，搭配着三文鱼肉（熟或生），亦是十分美味。

推荐的日本亲子饭餐厅有：东京的银座比内屋、大阪的道顿堀今井。国内亲子饭做得比较地道的有：北京的铁 TETSU · 虎铁、中国香港美心旗下的连锁店丼丼屋等。

炸猪排饭

カツ丼

katsudon

炸猪排的日文发音为“katsu”，与日语中的“胜”字同音，因此炸猪排饭又被称为“胜丼”。日本人常常在比赛或考试前吃炸猪排饭以祈求胜利和好运。炸猪排饭算是日本丼物里比较西式的，首先“炸”这个手法就很西方，同时还要放入常见于洋食的卷心菜，另外炸猪排饭的盛具往往不用日式传统的碗，而是用铁盘或浅盘，颇具西方风味。

将猪里脊肉切厚片，裹上面衣炸制后，吃起来浓香酥脆，香味弥漫，再浇上厚重的酱汁，就着清脆的切丝卷心菜，一顿炸猪排饭总是能美味可口。

在诸多城市中，以名古屋的炸猪排饭最有名气，其中商标为一个可爱猪形象的“矢场 Ton”（日文为“矢場とん”）是名古屋中最具人气的炸猪排饭连锁店，在名古屋的车站里和百货大楼的餐饮层都能碰到。除此之外，盛产猪肉的日本冲绳岛也有非常美味的明石食堂。日式炸猪排饭在国内也很受欢迎，国内的推荐店铺有来自日本的炸猪排饭连锁店胜博殿、丼丼屋等。

鳗鱼饭

鰻丼
unadon

鳗鱼饭恐怕是最受欢迎的日本丼物，那绵软的口感、香甜的滋味，总是让人回味无穷。每次去日本我都会忍不住去一家鳗鱼饭专门店，点一大碗蒲烧鳗鱼饭，以解口腹之欲。

原料鳗鱼通常为洄游性的淡水鳗，在日语中写作うなぎ，读音为 unagi，有别于海鳗（穴子）。鳗鱼的烤法有两种：蒲烧和白烧。其中我们最常吃的便是蒲烧风格的鳗鱼。在日本素有“杀鳗三年、串鳗八年、烤鳗一生”的说法，可见烤鳗鱼这门手艺之难。在鳗鱼饭馆除了鳗鱼饭，还有一些配菜非常值得推荐，比如鳗鱼肝烤串，略带苦味，但香气迷人。还有鳗鱼肠汤，吃起来让人欲罢不能。

有名的鳗鱼饭餐厅有：东京铁塔旁的“鳗鱼饭之神”野田岩、位于东京北部荒川区的明治时代百年老店尾花，以及京都岚山的广川。国内也有许多鳗鱼饭店铺值得品尝，比如北京的傲鳗、上海的鳗重和鳗鱼王等。

什么是鳗鱼蒲烧、白烧？鳗鱼蒲烧为一边在鳗鱼上刷鳗鱼酱汁（鳗鱼肉汁、酱油、糖等调和而成）一边烧烤，使鱼肉更加入味，色泽更深，味道香甜浓郁。而鳗鱼白烧则强调鳗鱼的原汁原味，不加酱汁，只用盐烤，口味清淡素雅。

咖喱饭

カレー
karē

咖喱饭这种典型的西方饮食，在日本却大受欢迎，现在已经发展成日本的国民饮食，是日本中小学校午餐中最为常见的饭食。

随着明治维新时期日本的开放，咖喱粉也从英国传入日本，这种香甜浓稠、非常美味的英式咖喱粉，便成为如今日式咖喱饭的基础。1905 年之后，日本军方借鉴英国皇家海军的食谱，将咖喱饭作为海军指定伙食，称为“海军咖喱”，它包含肉类和蔬菜，营养十分均衡，最主要的是极易料理且香浓可口，因此大受海军欢迎。如今，日本一些驻有海军的城市依然有具有当地特色的咖喱饭，比如在横须贺（近横滨和镰仓）就可以于“横须贺咖喱一条街”上的洋式小楼里吃到横须贺海军咖喱饭。除了海军咖喱饭，日本最爱咖喱饭的城市当属位于日本北陆地方的金泽，这里的咖喱饭已经成了城市名片，凡是大排长龙的，无一例外是咖喱饭店铺。

推荐的日式咖喱饭店铺有：最大的咖喱饭连锁店 CoCo 壹番屋（在国内也有许多分店）、tabelog 榜单上东京咖喱饭排名第一的 TOMATO（トマト）。

海鲜饭

海鲜丼

kaisendon

在水产丰富的日本，餐桌上自然不能少了铺满鲜美生鱼片的海鲜饭。这是起源于日本北部（北海道地方、日本东北地方）的丼物，后来才推广到日本全国。

海鲜饭并没有明确的固定形式，每个地方都有其特色海鲜饭类型。海鲜饭的种类可以按照铺在米饭上的食材数量来划分，分成两种：单一食材海鲜饭和多种食材海鲜饭。单一食材的代表海鲜饭如：铁火丼（金枪鱼赤身饭）、三文鱼子饭、海胆饭等。而多种食材海鲜饭的代表有三色饭、胜手饭（钏路特色的随意搭配海鲜饭）、江之岛小银鱼饭等。

推荐的海鲜饭餐厅有：北海道函馆最负盛名的村上海胆、北陆地方富山市的名店白虾亭、镰仓附近的江之岛小屋。

北海道函馆的村上海胆饭

丼食记

菊水楼｜再访奈良百年鳗鱼饭老铺

地点：日本奈良　用时：1 小时
人均消费 250 元人民币

在通往奈良公园必经之道的三条通上、春日大社鸟居的路口前，有一家古香古色的老店。10 多年前，我在第一次去奈良公园的路上就注意到了这家店。远观之，那气派非凡的建筑，那穿着和服在门口侍立的女将，以及那颇有文化底蕴的名字，让我以为这是一间凡夫俗子莫入、价格非比寻常的高级料亭，便没敢进入。直到多年以后，我又来到奈良，又走在这条当年走过的路上。夏日蝉鸣，松林树影，景色如故，老店依旧，只是这次门口没有和服女将了，只有立着的菜单，我便穿过马路走过来看，一看菜单才知道，原来这间豪华气派的大楼里，也卖人均仅 200 多元人民币的鳗鱼饭。自那以后，菊水楼便成了我每次来奈良必吃的餐厅。

菊水楼始创于明治二十四年（1891 年），当时是料亭旅馆，接待过无数名士和文豪，该建筑物已经列入日本国家登记的物质文化遗产。它的后庭院有着景色无敌的“荒池”，越过荒池，可以远眺曾经和东京帝国饭店齐名的奈良酒店。

在这里可以享用三种料理——和食、洋食和鳗鱼饭。其中和食是怀石料理形式，3 500 日元到 22 000 日元不等。洋食为意大利特色，餐厅环境非常开阔且优雅，在如此高雅的环境下用餐，一顿意大利面或咖喱饭的价格却只要 1 200~2 000 日元，性价比实在太高。

而这次的主要目的地，自然是鳗鱼料理“鳗菊”。进了大门往左拐，经过一条长长的静谧石路，两边是生着苔藓的巨石和古木，我这才终于到了鳗鱼馆门口。

女将碎步走来，热情地领着我走过长长的走廊，里面古香古色，处处散发着浓浓的传统气息。进到一间摆有 8 张桌子的房间，这是曾经天皇居住过的

客室，窗户外正对荒池。菜单有中、英、日三语，我点了一份蒲烧白烧双拼鳗鱼饭和一份鳗鱼全宴，另外还点了一瓶奈良特色饮料——甘甜爽口的奈良苏打水。

双拼鳗鱼饭

3 800 日元

活鳗蒲烧和白烧各两块，香甜不腻。

鳗鱼全宴

5 500 日元

这是我最爱的鳗鱼盛宴，真的是非常丰盛，相当于多了甜点和“鳗鱼八寸”的蒲烧鳗鱼饭，八寸里非常丰富，笋、豆腐干、豌豆、鳗鱼肝、鳗鱼寿司等。另外还有甜点和茶碗蒸。没有什么比这更让人满足！

第五章
面
めん | men

日本面条

面条是亚洲人的最爱，印度尼西亚有炒面、越南有米粉、泰国有炒河粉、朝鲜有平壤冷面，又尤以中日两国的面条美食最为兴盛。中国面的历史可以追溯到约4 000年前的夏朝。在中国，面条可谓五花八门，如北京炸酱面、兰州拉面、河北龙须面、陕西油泼面、山西刀削面、四川担担面、上海阳春面、吉林冷面、广东竹升面等。

相比之下，日本面的种类并不像中国那般多种多样，日本面主要分为三大类别：拉面、乌冬面和荞麦面。三者先后由中国传入，带有中国面食文化的影子。

1 000 多年以前，面条这种食物才随着佛教僧人从中国传入日本奈良，其中荞麦面和乌冬面就是那个时代的产物，属于日本传统面食。而拉面和什锦面，则源于 20 世纪之后日本的中华街（唐人街）。正因为日本拉面和中国面渊源如此之深，所以在许多地方，拉面仍被称作“中华荞麦面”，而“拉面”一词，也正是于明治时代日本横滨的中华街里传出的。

今天，日式拉面可谓日本的国民料理，在日本街头随处可见各种各样的拉面店。日本人在口味上极具钻研和探索精神，在追求极致美味方面一向不遗余力。单单是拉面，在日本就有无数细分，每个地方的拉面都各有特色，其中包括咸香浓郁的博多豚骨拉面、辛香的札幌味噌拉面、清淡鲜美的喜多方拉面、咸中带甜的德岛酱油拉面等。

面的种类

面条经中国传入日本，日本人又对其进行了味道改良和品种变革，现在已经成为“岛国”最具人气的大众美食。日本的三大面食料理分别为拉面、乌冬面和荞麦面。

拉面

ラーメン
rāmen

拉面绝对是日本最具代表性的面条。豚骨或鸡骨的浓郁汤底，极为入味的面条，再加上叉烧和溏心蛋，实在太美味！

乌冬面

うどん
udon

面条厚实，带有嚼劲的细滑口感，配上鲜美的清汤，吃起来别有风味。

荞麦面

そば
soba

荞麦粉制成的面条，有凉面和热面两种吃法，具有日本传统特色。

ラーメン

rāmen

拉面是由小麦粉制成的面条，伴在浓厚的豚骨或鸡骨汤头里，再加入鸡蛋、叉烧、葱花、海苔、笋干、豆芽等配菜组合而成。

日本拉面虽仅有百年历史，发展却相当迅猛，如今每个地方都有当地特色拉面。公认的日本三大拉面，分别是九州首府福冈的博多拉面、北海道首府札幌的札幌拉面、东北地方福岛县的喜多方拉面，除此之外，四国的德岛拉面、九州的熊本拉面也十分出名。在吃日本拉面时，不必过于腼腆或怕发出声音，畅快淋漓地“吸溜”面条是日本独特的饮食文化。在吸食面条时，空气会混入面条和汤汁之中，起到增加味道和冷却烫口面条的作用。

另外值得一提的是，1958 年创立日清公司的华裔安藤百福（原名吴百福）以鸡汤拉面为原型发明了方便面，这才有了我们现在常吃的泡面。

海苔

烤至香脆的海苔是增加拉面香味的重要配菜。

溏心蛋

一分为二的溏心蛋是拉面中的点睛之笔，它的存在让本就鲜香的拉面有了更丰富的营养和鲜甜的口感变化。

注：德岛拉面通常是打入一枚无菌生鸡蛋，而非溏心蛋。

汤头

汤头乃是一碗拉面的灵魂，拉面好不好吃，就看汤头美不美味。汤头可以用出汁以及调味料的形式制作。

拉面出汁主要分为两类：豚骨出汁和鸡汤出汁。将猪骨或鸡骨用大锅熬制，使骨髓中的脂质乳化，形成白浊的油花，这种出汁非常香浓。比如九州的博多拉面就是豚骨拉面的代表。此外，拉面店还会在汤中加入酱油、味噌或盐进行调味，做成酱油拉面、味噌拉面等。

拉面的构成

笋干

将竹笋腌制发酵，吃起来脆爽又浓郁鲜美。

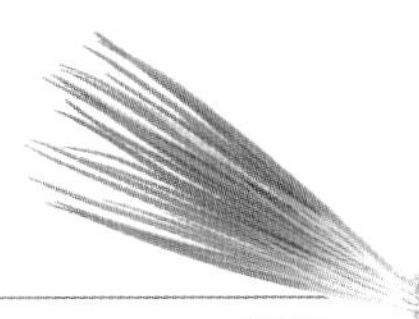

葱花

葱花是给汤汁提鲜的重要配菜。不吃葱的朋友也可在点餐时选择不加葱。

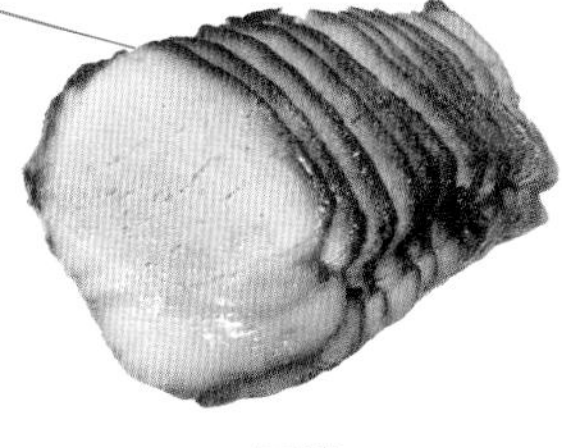

叉烧

日本拉面中的叉烧和中国叉烧（叉起于炉火中烧烤）有所不同。日式拉面中的叉烧是将猪肉用酱油浸于锅中炖煮而成，软烂入味，与拉面的口感和味道非常契合。

面

以小麦粉为原料制成的面条，是拉面中的主食。日本的拉面面条多不是人工“拉”面，而是机器制面。面条根据粗细可分为以博多拉面为代表的“细面”，和比乌冬面还粗的札幌“太面”。

日本拉面通常较硬，并不是中国人习惯吃的软烂面条，日本拉面中最硬的面条仅在沸水中过 15 秒，叫作“超生面”。吃完碗里的面条后，还可以再追加一份面，加入没喝完的汤头里，这一博多拉面特有的加面文化叫作“替玉”。

乌冬面的日语汉字写作“饂飩”（并不是馄饨），是西日本的代表面食（东日本为荞麦面）。乌冬面同拉面一样，也由小麦粉制成，但比拉面粗得多。

据说，1 000多年前，从中国唐朝归来的弘法大师空海（出生于赞岐国，古代日本令制国之一），将乌冬面的做法传授给了濑户内海地区缺水少米的赞岐（现日本香川县）人民，于是便有了如今的乌冬面原型。

乌冬面有多种吃法，冬天可加热汤食用，夏天可以凉食。在香川地区流行自助打面，客人可以根据自己的喜好搭配出热面热汤、冷面热汤、热面冷汤和冷面冷汤等诸多形式，再按照自己的口味喜好加入高汤、无菌生鸡蛋、葱花或萝卜泥。除此之外，还可以加入丰富多样的配菜，如牛肉、鸭肉、天妇罗、咖喱等，形成各种各样的乌冬面。

配菜

煮得软烂的牛五花肉片是最美味的乌冬面配菜之一，倒进乌冬面里一起食用，味道香甜浓郁。除此之外，配菜还可以是关东煮、天妇罗、油豆腐皮等，根据点餐时选择的乌冬面类型不同而有所区别。

乌冬面的构成

乌冬面

乌冬面比拉面粗，吃起来更加爽口顺滑，咬下去口感弹牙筋道。有时还会加入一颗无菌生鸡蛋，让口感更加滑溜，味道也会更加鲜美。

高汤

高汤是乌冬面的另一主角，极大地影响着这碗面的味道。自助打完面，就要在刚刚盛出来的乌冬面上浇上高汤。高汤由昆布、鲣节、青花鱼、鲱鱼和沙丁鱼等熬制，再加入酱油、味啉和糖等调制而成。

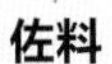

佐料

佐料可选爽口的萝卜泥或黏滑的山药泥，葱花、生姜末和白芝麻等在柜台自取，按自己的口味喜好拌进乌冬面里。有时还可以再挤几滴柠檬，以丰富乌冬面的味道层次。

荞麦面是日本历史最悠久的传统美食之一，也是东日本的代表面食（与握寿司和天妇罗并称“江户三味”），早在 1 000 多年前的奈良时代，荞麦面文化就已经在日本广大地区发展起来。荞麦面与日本禅宗有着不可分割的渊源，因此在日本禅宗寺院兴旺的地区，常常会有地道的荞麦面店。自江户时代开始，日本人就有着除夕之夜吃跨年荞麦面的传统，这是因为荞麦面又细又长，寓意长寿和长久。

荞麦面的吃法分两种：一种为热汤荞麦面，另一种是更常见的、盛放在竹笊篱上的荞麦冷面。

热汤荞麦面无须多说，和吃普通拉面基本相同。而荞麦冷面，则是将煮熟的面条用凉水（甚至是冰水）过一下，盛放在竹制的笊篱上，蘸着特制酱汁食用。

由于荞麦粉比小麦粉更加金贵，因此吃一碗荞麦面要比拉面贵不少，相比 800 日元一碗的拉面，荞麦面的价格至少要 2 000 日元。

荞麦面

荞麦面并不都是纯荞麦粉制成，在荞麦面店经常会看到“十割荞麦”“二八荞麦”这样的字样，指的是面条中荞麦粉与小麦粉的比例，十割荞麦即 100% 由荞麦粉制成的荞麦面，荞麦香气最浓，但面条中颗粒较粗且干巴；二八荞麦即由 80% 的荞麦粉、20% 的小麦粉制成的荞麦面，面香略低，但口感更加 Q 弹。不同荞麦比例的面条会有不一样的口感和风味。生产的荞麦面品质最好、产量最高的地方是北海道。吃的时候应“大声吸入”，让荞麦面和酱汁的香气瞬间充满口中，鲜味直冲鼻腔。

荞麦面的构成

荞麦面酱汁

荞麦面的酱汁是鲜味的源泉，这种特制的荞麦面酱汁是在由昆布和鲣节制作出的高汤基础上，再稍加酱油和辣味做成。

值得注意的是，吃荞麦面时，第一口面条不要蘸酱，而应先品尝荞麦面本身的清香原味。

酱汁佐料

可以根据自己的口味，将葱、姜、山葵一起拌入酱汁中，增加酱汁的香味并且提鲜。

吃法：在“猪口”中蘸汁吃

所谓“猪口”，在日语里是小杯子的意思。吃前先将酱汁壶里的荞麦面酱汁倒一些到这个荞麦猪口里。吃的时候，一手捧起猪口，一手用筷子夹起面条，在猪口中轻蘸酱汁食用（只蘸 1/3 的面条即可，不要完全泡入，以免破坏面条本身的香味），如上图所示。

日本六大名面

九州地方 · 福冈市

味道特征

汤头：酱油豚骨汤

清淡 ━ ━ ━ ━ ━ 浓厚

博多拉面

说起拉面，必然会想到著名的博多拉面。博多是古时日本对九州地方福冈的称呼，而博多拉面则指福冈制作的拉面，始于 1941 年。

博多拉面与札幌拉面、喜多方拉面并称“日本三大拉面”，其特征是“豚骨汤”和“直细面”。浓郁极香的乳白色汤头和非常入味的面条，使得博多拉面成为深受食客喜爱的日本拉面。

走在日本福冈的街道上，随处可见大大小小的拉面馆，随时可闻“臭臭”的熬制豚骨汤的味道。见多识广的老饕们都知道，找一家美味的拉面馆靠鼻子。在福冈的街头要边走边闻，哪家门口传来的味道最“臭”，这家的拉面一定好吃。博多拉面之所以如此出名，其中一大原因是许多福冈的拉面连锁店已经开遍全世界，著名的博多拉面连锁店当属博多一幸舍、一风堂和一兰拉面，前两者可以在中国大陆许多大城市品尝到，而一兰拉面则在中国香港和台湾地区有分店。

北海道地方 · 札幌市

| 味 道 特 征 |

汤头：味噌汤

清淡 ▬ ▬ ▬ ▬ ▬ 浓厚

札幌拉面

日本北海道首府札幌是善做拉面的另一大都市，札幌拉面以浓郁的味噌汤底著称，其汤汁比其他地方的拉面汤更加浓稠和咸辣，面条多为黄色的卷面，吃起来筋道Q弹。札幌拉面起源于“二战”之后，当时归国的日本人开设名为“龙凤”的拉面馆，与博多拉面一样始于20世纪40年代。

在札幌的市中心，有一条细长的小巷，这是去札幌旅行时必访的美食景点之一——元祖札幌拉面横丁。这条窄窄的小巷里一共分布着17家各具特色的拉面店，既有温和香浓的味噌拉面，也有鲜美的鸡白汤拉面，味道都很不错，绝对值得品尝。

由于札幌拉面不像博多拉面那样拥有全球性大型连锁店，因此想要吃到地道的札幌拉面，只能去日本，并且绝大多数札幌拉面馆只开设在札幌本地。推荐的店铺有：札幌当地排名第一的面屋彩未、曾在日本电视节目中获得味噌拉面冠军的纲取物语（在京都车站有分店）。

东北地方 · 福岛县

| 味 道 特 征 |

汤头：酱油味盐底、豚骨清汤

清淡 ▬ ▬ ▬ ▬ ▬ 浓厚

喜多方拉面

日本三大拉面之一的喜多方拉面，产自日本福岛县的喜多方市。这座 5 万人的小城，却拥有着多达 120 家拉面馆，已成为日本人均拥有拉面店最多的城市，当地人就连早餐都会吃拉面（早面）。喜多方拉面起源于 20 世纪 20 年代中国青年潘钦星在此地推车售卖的"中华荞麦"（实际上是拉面，而非真正意义上的荞麦面），后来他开设了"源来轩"，从此这座盛产粮食的城市，拉面店遍地开花。时至今日，许多拉面店的名字还叫作"中华荞麦"（中華そば）。

喜多方拉面的特征主要体现在面条上，使用宽平又卷曲的面条，吃起来口感筋韧，有着独特的食感。汤头多使用喜多方产的优质酱油，水多用饭丰山上清澈的水，使得汤汁鲜香美味。相较于博多拉面这种浓郁重口的豚骨拉面，喜多方拉面可谓拉面界的一股清流。

推荐的店铺有：喜多方拉面排名第一的坂内食堂，以及喜多方拉面的创始者源来轩。

九州地方 · 长崎市

味道特征
汤头：海鲜、猪骨、鸡骨汤
清淡 — — ■ — — 浓厚

什锦面（强棒面）

作为日本锁国期间仅有的几个通商口岸之一，长崎这座城市也传入了许多外国文化和美食，其中就包括 19 世纪末由中国福建人陈平顺以闽菜“焖面”为基础创造的长崎什锦面。当时陈平顺为了让大量的清朝留学生在日本长崎吃到好吃、营养高且价格便宜的餐食，将各种蔬菜、鱼鲜以猪油炒制，再用猪骨和海鲜等炖煮高汤，用以特制既有创意又有家乡味道的面条，从此长崎什锦面深受欢迎，现在已经成为日本长崎最有名的美食之一。

长崎什锦面又叫强棒面，语源出处众说纷纭，大概是源于福建方言“呷饭”（吃饭了吗）的仿声新词。

长崎什锦面在长崎随处可见，可若只能推荐一家的话，我会推荐福建人陈平顺开创的四海楼。在这座五层的豪华中式大厦里就餐，长崎港景色尽收眼底，美妙之极。

5

四国地方·香川县

味道特征

汤头 酱油鲣鱼汤

清淡 ▬ ▬ ▬ ▬ ▬ 浓厚

赞岐乌冬面

赞岐是古时日本四国地方香川县的名称，这里产的乌冬面是日本最有名而且最好吃的。香川县地处濑户内海，日照时间长，小麦产量高，乌冬面自古便是当地的名产。赞岐乌冬面与其他地区的乌冬面大有不同，其最大的特征是面条筋道、弹牙、有嚼劲，单吃也非常美味。赞岐乌冬面在汤汁制作的过程中，还加入了濑户内海的小沙丁鱼，以提升鲜味。

在香川县吃一碗地道的乌冬面，是一种令人难忘的体验，因为与其他地方的吃面方法不同，这里一切都需要自助。进店后需要自己拿托盘取面，然后用漏斗自己温面（拿给客人的面是冷的），还需要自己添加汤汁和佐料（葱花、萝卜泥等），再亲自打入一颗无菌生鸡蛋。就算不懂，你进到店里也不必紧张慌乱，因为热情好客的香川人，一定会跑过来手把手地教你。

推荐店铺：享誉日本内外的连锁店丸龟制面、香川县首府高松市的乌冬一福等。

中部地方 · 长野县

| 味 道 特 征 |

汤头：鸭汤

清淡 ━ ┅ ┅ ┅ ┅ 浓厚

信州荞麦面

长野县（信州）户隐产的荞麦面是日本荞麦面中的佼佼者，是日本三大荞麦面之一（另外两个为岛根县的出云荞麦面以及岩手县的碗子荞麦面）。信州由于地处高原地带，昼夜温差极大，且土质为火山灰，因此盛产荞麦。信州荞麦面的特征为口感筋道，有嚼劲，荞麦香味浓郁。

对比味道浓郁的拉面，荞麦面可谓清淡日本料理的代表，它清淡到能吃出食材原本的芳香和鲜味。最常见的信州荞麦面吃法为凉面，将煮好的荞麦面过凉水后盛放在竹制的笊篱上，浅浅地蘸一下酱汁食用。

长野县并不是国人旅行时常去的目的地，且原产地户隐地理位置偏僻，需驱车前往，因此想吃到信州荞麦面并非易事，但筋道特别的信州荞麦面一定会让你不虚此行。推荐的店铺有：长野市排名第一的荞麦藤冈，长野县旅游胜地轻井泽的川上庵。

拉面食记

一兰 | 让人百吃不厌的博多拉面馆

地点：日本　用时：0.5 小时
人均消费 100 元人民币

一兰是日本拉面界标杆一样的存在，不论我走过多少日本的大城小镇，在日本品尝过多少家当地知名的拉面馆，多数情况下，最后还是会再说一句："还是不如一兰拉面好吃啊。"

现如今，一兰拉面店已成为中国游客"访日热门景点"。一兰拉面于 1960 年发源于以豚骨拉面著称的九州福冈，是博多拉面的代表。

一兰拉面店不仅受外国游客的欢迎，在日本人心目中也是非常令人向往的面类美食圣地。有时在节假日走在繁华的市区里，如果你看到长长的队伍，其队伍的源头有很大可能就是一兰拉面店的入口。日本人甚至不惜排一两个小时的队，只为品尝一次价格低廉的大众美食——拉面。

一兰拉面在日本可谓开一家火一家。除了在日本各大城市遍布的 50 家分店，一兰拉面在中国香港、台湾地区和美国纽约也都有分店。不论你在哪里，但凡是饭点去那儿，一定要排队。好在不少一兰拉面店是 24 小时营业的，作为深夜食堂无疑是一个好地方。

深夜来到一兰拉面店，几乎见不到人。一进门我便看到一台具有日本特色的自助式点餐机，一碗拉面（其中包括两三片叉烧）是 930 日元，如果想要吃得大满足，那么一定要点一个套餐，即 1 530 日元的“一兰 5 选”，其中包括一颗溏心蛋、多出的四片叉烧、木耳丝和两片海苔。如果喜欢甜点，还可以再加一份 390 日元的一兰拉面店特色的抹茶杏仁豆腐，也非常美味。

点完餐，拿着餐券，我坐到店内特色的“小隔断”内，一兰拉面店算是把日本人既不喜欢被

人打扰，也不希望打扰到别人的日本文化做到了极致，就连服务员也和客人隔着一个竹帘子，彼此看不到对方。填好“点餐用纸”，选择口味浓淡、面条软硬。第一次品尝一兰拉面的话，我建议全

元祖 點餐用紙
オーダー用紙　◌＝推薦／おすすめ

口味濃淡 味の濃さ	1 淡味 うす味		2 基本 基本		3 濃味 こい味
油濃郁度 こってり度	0 無 なし	1 清淡 あっさり	2 基本 基本	3 濃郁 こってり	4 超濃郁 超こってり
蒜泥 にんにく	無 なし	少許 少々	基本 基本	1/2份 1/2片分	1份 1片分
			1份以內免費，1片分までは無料。		
蔥 ねぎ	無 なし		有 あり		
叉燒 チャーシュー	無 なし		有 あり		
赤紅秘製醬汁 赤い秘伝のたれ	兒童專用的話建議選擇「無」。お子様には「なし」がおすすめ。				
	0 無 なし	1/2 1/2倍 1/2倍	1 基本 基本	2 2倍 2倍	3-10 (　)倍 3~10倍
	可免費加辣至 10 倍辣度，辛さ10倍までは無料。				
麵的硬度 麺のかたさ	超硬 超かた	硬 かため	基本 基本	軟 やわめ	超軟 超やわ

↓請於方格內填上✓號　□にチェックをお入れください。　職員填寫欄

☑ 天然豚骨湯拉麵（創業以來）天然とんこつラーメン（創業以来）　288元

vivawei.tw

推薦配餐 おすすめセット

□ 一蘭精選配餐 一蘭スペシャル　半熟鹽味蛋，加叉燒（3片）、海苔（2片）　134元

加麵 替玉

□ 加麵 替玉	58元	超硬 超かた	硬 かため	基本 基本	軟 やわめ	超軟 超やわ
□ 加麵（半份） 半替玉	48元	超硬 超かた	硬 かため	基本 基本	軟 やわめ	超軟 超やわ

追加點餐 追加メニュー

□ 加叉燒（3片） 追加チャーシュー（3枚）	58元	□ 白飯 -嚴選越光米- コシヒカリもちもちごはん	58元
□ 加蔥 追加ねぎ	38元	□ 加蒜泥（2份） 追加にんにく（2片）	38元
□ 黑木耳 きくらげ	38元	□ 一蘭特製醋 オスカランの酢味	38元
□ 海苔（2片） のり（2枚）	38元	□ 秘製辛味（　）倍 秘伝の辛味 ※11~20倍	38元
□ 半熟鹽味蛋 半熟塩ゆでたまご	38元	□ 抹茶杏仁豆腐 抹茶杏仁豆腐	108元
□ 燉煮叉燒肉 煮こみ焼豚	148元		

飲品 飲み物

□ 彈珠汽水 ラムネ	58元	□ 生啤酒 生ビール	138元
□ 可爾必思 カルピス	58元	□ 抹茶生啤酒 抹茶生ビール	148元
□ 綠茶 -抹茶使用- 抹茶グリーンティー	68元		

ENGLISH/한국어

部选择“推荐”，其中赤红秘制酱汁一定要按自己对辣的接受程度选择，千万不要勉强，推荐的 1/2 倍就已经很辛辣了。

服务员透过小窗口收走餐券和点餐用纸，隔着窗口向我说了几句日语，然后放下竹帘。瞬间一切都变得十分清静，就好像整个餐厅被我包场了一样。

坐在一兰拉面店创造的这一独特的半封闭式私密空间里，我不禁有种浑身放松的舒畅感。桌上有自取的筷子，身后有自取的餐巾纸，上方有自取的水杯，每个小隔断里的桌子上都有一个不锈钢水龙头，按住就能流出爽口的冰水。

没过多久，服务员又揭开竹帘，端上了拉面、一小碟带着壳的鸡蛋和一大盘配菜，随后向我鞠躬，放下帘子。

这便是大名鼎鼎的一兰拉面，单纯一碗不加任何配菜的拉面就已经足够让人垂涎三尺了。

“一兰 5 选”套餐

1 530 日元

1 530 日元的“一兰 5 选”全家福看起来非常丰盛。

首先将鸡蛋剥壳（我通常是将鸡蛋在不锈钢水龙头上敲碎），然后将叉烧、木耳丝和海苔倒入拉面之中。

一兰拉面店与其他大多数日本拉面店不同，桌上并没有能够自行添加的调料，比如日本拉面中常见的炒芝麻、蒜蓉、红生姜、辣味芥菜等。可见一兰拉面对于自己的汤汁调味颇有自信。

捧起碗，先喝一口豚骨高汤，鲜美浓郁，实在是太香了，仅这一口就让人幸福感倍增！一兰拉面号称丝毫不用任何人工添加剂，汤底完全是用天然猪骨、猪头和猪蹄熬制而成，再将猪骨的独有腥味去除，烹调出极致美味的汤汁。

博多拉面的特色是面条很细，面条吸收浓郁的汤汁，使得每一口都非常入味。大声地吸溜面条，无须有任何忌讳，大口品味这令人极大满足的拉面。不过一兰拉面的面条并不多，吃不饱还可以追加点餐，在点餐纸上勾选加点一份替玉，将硬币数好放在纸上，按一下桌上的“呼出”键呼叫服务员即可。

在日本吃拉面，有一种讲究，那便是以把汤汁喝完的方式来表达对厨师和面馆的尊敬和谢意。当然，喝完这么一大碗咸辣十足的一兰拉面汤汁并非易事，就着替玉和冰水，一鼓作气，将浓郁的汤汁几口喝完，面汤既尽，碗底便出现了一兰拉面那独特的“彩蛋”。

这是只有喝完汤汁，一滴不剩的顾客才能看到的，它饱含了店家对热爱一兰拉面的顾客的诚挚感谢。

碗底几行金字写着“この一滴が最高の喜び

です”，翻译过来的意思是：这一滴是我们最大的喜悦。

吃完拉面喝完汤，满嘴油香，喝了好几口冰水才解腻。但此时仍觉不够，于是我又加点了一份甜点——抹茶杏仁豆腐。

抹茶杏仁豆腐

390 日元

细腻的杏仁豆腐如同布丁一般，杏仁的香味纯正且浓郁，抹茶微苦，正好中和了甜味，令这一道甜点味道丰富且平衡。

水足饭饱后，走出店，门口还摆着许多一兰拉面的伴手礼可供购买，其中有传说中仅有 4 个人知道配方的赤红秘制酱汁，也就是拉面正中间的那滴红色辣酱（真的是非常辣），还有盒装的一兰拉面方便面（在日本的机场也能买到）。

如此有特点的店面，如此美味的拉面，如此令人满足的体验，但凡来日本又如何能忍住不去一兰拉面店吃一顿？

以前来日本，总觉得把大好胃口交给一碗平价拉面，实在太不划算，留着胃口总该吃点当地的名菜，比如和牛、寿司、怀石料理之类。而现在我终于体会到，极致的美味并不需要“踏破铁鞋”，并不需要高昂的价格，也不需要名贵的食材，其实一碗拉面足矣。一兰拉面，下次日本再见！

第六章
鍋料理
なべりょうり | naberyōri

日本锅料理

东京特色“泥鳅锅”——柳川锅

日本料理绝不只有怀石料理那样精致的一道道小菜，也绝不只有寿司、刺身那样生冷的食物，还有既暖心又暖胃的日式火锅。在寒冷的冬日，和三五好友围坐在火炉前吃一顿暖洋洋的火锅，是最惬意的事情。

早在古代日本，民房里通常会有一个既能取暖又兼烹饪用的地炉（囲炉裏），每到晚餐时，一家人围在地炉周围，享受这一温暖时刻，这便是锅料理的前身。后来到明治维新后，牛锅和卓袱台开始流行起来，锅料理从家庭料理走向了外面的餐厅、饭店。

日式地炉

锅料理发展到现在，种类繁多，从常见的涮涮锅到寿喜烧、海鲜寄世锅，再到日本各地的乡土锅料理，比如鮟鱇鱼锅、牡蛎锅、煎饼锅、米棒锅等，可谓层出不穷，数不胜数。在日本吃火锅，你还会见到各种各样的锅具，从常见的陶制土锅，到闪亮的金属浅锅，还有新奇的如同锄头、铲子一般的寿喜锅，甚至还有轻如羽翼的纸锅。

锅料理的分类

日本的锅料理根据汤底的浓淡和调味不同，大致分为两大类：第一类以寿喜烧为代表，是在汤中加入浓重调味料、锅底浓重的火锅；第二类以涮涮锅为代表，是几乎不加调味料的清汤锅底、要靠独立调味碗来调味的火锅。

汤中加入调味料的火锅

寿喜烧

すき焼き

sukiyaki

寿喜烧可谓日式锅料理的代表，是以酱油或味噌酱汁烹煮食材的火锅。与中国火锅不同，日本寿喜烧不会将汤汁盛满一锅，而是浅浅的浓酱汁，食材也不完全没过汤汁，因为寿喜烧虽然似火锅，但其本质其实是“煎烧”，而非“涮煮”。

寿喜烧的蘸料常为一枚搅拌后的无菌生鸡蛋，以增加顺滑口感。

汤中几乎不加调味料的火锅

涮涮锅

しゃぶしゃぶ

shabushabu

日式锅料理的另一代表即涮涮锅，发音“呷哺呷哺”。它与中国火锅极为类似，汤汁几乎不加调味料，仅加盐或味噌，最多使用鸡骨汤底或鲣节出汁，主要还是强调食材本身的滋味和口感，口味较为清淡。

与寿喜烧仅用一枚无菌生鸡蛋调味不同，涮涮锅的调味料则多种多样，盛于单独的碗中。

寿喜烧详解

1. 丰富的食材

寿喜烧中最常见的主菜自然是日本和牛，但除去牛锅，寿喜烧还可以做成豚锅、鸡锅、蟹锅、鱼锅、乌冬锅等。配菜常见白菜、茼蒿、葱、豆腐、香菇、魔芋丝等。

2. 浓重的调味汤底

浓重的汤底是寿喜烧与其他锅料理最大的区别。在鲣节、昆布的出汁中，加入砂糖、酱油和味啉，汤汁咸香浓郁。

3. 平底浅锅

寿喜烧在日语中写作汉字“鋤
本意为在一种平底厨具上煎烧，因此
传统的寿喜烧多用平底的铸铁浅锅，
在于让汤汁均匀吸收于食材之中。

寿喜烧全家福

4. 生鸡蛋液

你没看错，一枚无菌生鸡蛋就是寿喜烧的蘸料！这才是地道的寿喜锅食用方式：在吃肉前稍微搅拌鸡蛋液即可（不需要像做鸡蛋羹一样打成泡状）。蘸了鸡蛋液的牛肉会变得更加鲜美，口感也更加顺滑。

第六章 锅料理

5. 主食

吃完锅里的食材后，剩下的汤汁仍然鲜香美味。珍惜食物的日本人常常往汤底中加入主食，做成杂炊（粥）或乌冬面。

日本有名锅料理

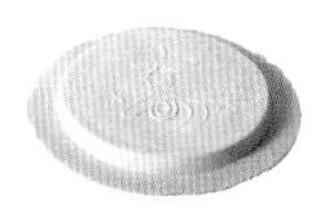

青森县 · 煎饼锅

せんべい汁 | senbeijiru

日本东北地方青森县的特色乡土料理是煎饼锅。在青森县，当地人非常喜爱酥脆可口的煎饼（日式薄饼），煎饼不仅被当作零食，还常作为主食。青森县的煎饼锅以南部煎饼、鱼、肉、蔬菜和蘑菇等为原料，汤底为豚骨或鸡骨高汤。薄脆的煎饼在炖煮中吸收汤汁精华，变成软糯的美味泡饼。

秋田县 · 米棒锅

きりたんぽ鍋 | kiritanponabe

烤米棒是秋田县的特色食物，它是将捣碎并煮好的粳米糊在杉木棒上，插在地炉周围烤成金黄色而成。米棒锅正是用这种米棒为主料做成的。值得一提的是，米棒锅的鸡汤汤底是由“日本三大地鸡”之一的秋田比内鸡熬煮而成。主料除了米棒，还有牛蒡、舞茸、山芹菜等，食材丰盛且鲜香美味。

“日本三大地鸡”是哪些？地鸡即柴鸡，放养的地鸡肉质鲜嫩，风味浓郁。秋田县的比内鸡、鹿儿岛的萨摩地鸡和名古屋的交趾鸡并称“日本三大地鸡”。

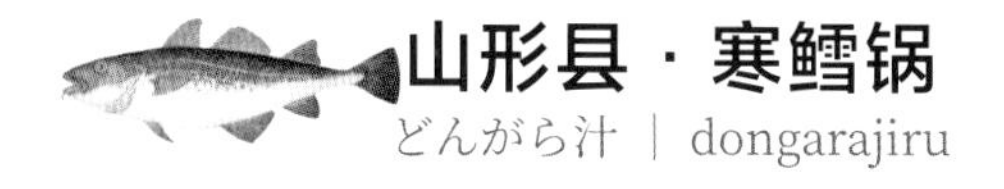

山形县 · 寒鳕锅

どんがら汁 | dongarajiru

每到冬季，产卵期的银鳕鱼就会洄游至日本东北地方山形县，于是在这极寒时期捕获的肥美鳕鱼做成的火锅便成为当地著名锅料理。用味噌汤底先煮鳕鱼肝调味，再放入鳕鱼白肉，最后放入最为精华的鳕鱼白子（图中左侧白色的卷曲物）。所谓白子，即雄鱼的精巢，细腻丰腴，如奶油般丝滑。

北海道 · 石狩锅

石狩鍋 ｜ ishikarinabe

石狩锅是北海道最有名的锅料理。每年秋冬季节有大量处于繁殖期的太平洋三文鱼自石狩川（起于札幌市北边的石狩市）逆流而上，因此得名石狩锅。它是浓厚的味噌火锅，其主料是三文鱼和三文鱼卵，另外加入豆腐、菌菇、蔬菜、虾贝、鱿鱼等。温暖且丰盛的石狩锅是日本北国冬季的一大美味。

鲑鱼、鳟鱼、三文鱼傻傻分不清？鲑鱼（如大西洋鲑）多数是会降海洄游的，而有些鳟鱼（如虹鳟鱼）终生生活在淡水中。鲑鱼和鳟鱼都被统称为三文鱼。

茨城县 · 鮟鱇锅

あんこう鍋 ｜ ankōnabe

鮟鱇鱼是潜伏在深海海底，头顶有一根发光“钓竿”，长相奇丑无比的鱼。鮟鱇鱼虽丑，浑身却都是美味，从皮到肉再到内脏都可食用。最精华的部分当属被誉为“海中鹅肝”的鮟鱇鱼肝。以茨城县东部海域产出的鮟鱇鱼最优质，鮟鱇锅成了茨城县的代表火锅，素有“西有河豚锅，东有鮟鱇锅”之说。

东京都 · 相扑锅

ちゃんこ鍋 ｜ chankonabe

相扑锅原本是为培养日本相扑运动员体格而打造出的伙食，由第十九代横纲（相扑力士的最高级别）、人称“角圣”的常陆山谷右卫门发明。相扑大力士们退役后，常常经营相扑锅店。如今相扑锅已成为大众美食。相扑锅中，会加入大量肉类、海鲜和蔬菜。火锅店内有时还会有相扑和艺伎表演。

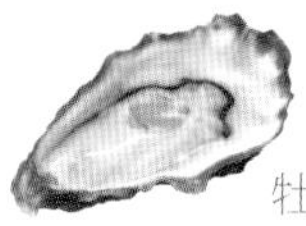

广岛县 · 牡蛎锅

牡蠣の土手鍋 | kakinodotenabe

广岛盛产肥美的牡蛎，全日本 60% 的牡蛎都产自广岛。这里的生蚝，除了生吃和煎烤，还可以做成广岛特色的火锅——牡蛎土手锅。和其他锅物不同，广岛的牡蛎土手锅是先在砂锅内侧涂上一层类似河堤（日语中写作“土手”）一样的味噌，风味鲜甜，与鲜美多汁的生蚝相得益彰。

福冈县 · 内脏锅

もつ鍋 | motsunabe

热爱美食的人大都喜吃内脏，日本人也不例外。日本的内脏锅以牛肠或猪肠为主料，锅上再铺满呈小山状的韭菜、葱和圆白菜，最后在汤汁中加入豆腐和面条。福冈特产的内脏锅，脂肪丰富，口感较硬，肉质肥美又没有腥膻。美味又实惠，是绝佳的下酒菜。

福冈县 · 水炊锅

水炊き | mizutaki

九州的福冈可谓“美食天堂”，除了别具一格的九州寿司、闻名世界的博多拉面，还有极具特色的两大锅料理：内脏锅和水炊锅。水炊锅以鸡骨熬制成鲜香清澈的高汤，吃的时候，先品汤，后涮鸡肉，最后涮鸡肉丸。鸡汤鲜美至极，一口就令人神魂颠倒，鸡肉更是惊艳，非常滑嫩。

京都府 · 汤豆腐

湯豆腐 | yudōfu

以禅宗、寺庙为上的京都，这里的火锅名物自然是精进料理中的汤豆腐。汤豆腐简单且清淡，如和果子一般，“醉翁之意不在酒”，而在于禅意。在清汤锅底中加入五块豆腐，以文火慢煮，豆香弥漫。京都清水寺和南禅寺门前都有许多历史长达几百年的豆腐老店，其中数“顺正”和“奥丹”最出名。

大阪府 · 鲸鱼水菜锅

はりはり鍋 | hariharinabe

大阪最具代表性的锅料理为水菜锅，在日语中的读音为“哈哩哈哩”，因吃水菜时脆爽的口感而得名。旧时大阪人会将鲸鱼肉和水菜一起涮入锅中，现在禁止捕鲸后，便以同样多油、肥美的猪肉作为替代物，所以现在鲸鱼水菜锅实际上应该叫作“猪肉水菜锅”。水菜脆爽解腻，汤底为鲣鱼、昆布出汁，简单美味。

高知县 · 九绘锅

クエ鍋 | kuenabe

九绘鱼也叫石斑鱼，这种体长约 1 米、重达 50 千克的大鱼被日本人誉为“梦幻之鱼”。位于日本四国地方南端的高知县和大阪南边的和歌山县产的九绘鱼为上乘，稀有的野生九绘鱼每斤价格可卖到人民币千元以上，用这种名贵的高级食材作为涮锅的主料，九绘锅因此被誉为“乡土锅料理的王者”。

锅料理食记

橙 | 一口让人垂涎三尺的鸡肉火锅

地点：日本福冈　用时：1.5 小时
人均消费 150 元人民币

一提到九州福冈的美食，恐怕大家首先想到的是博多拉面那香浓的豚骨汤和内脏锅那油香四溢的肥肠。可别忘了这里还有另一种特色美食——水炊锅，即鸡肉鸡汤锅，来日本九州旅行的时候，千万不可错过。

位于大濠公园北边的橙，是在日本美食点评网站 tabelog 上排名第一的水炊锅店。别看现在似乎门可罗雀，实际上这家店火爆得不得了。如果不提前预约，在午餐和晚餐的饭点去，肯定是吃不到的。

赶在客人最少的时段——工作日下午 3 点多，我们前来尝试，进来一看果然无须等位，才松了一口气，进入大堂。店内一共 20 多桌，餐厅最里侧的那桌还可以沐浴窗外阳光，风景颇为不错。

后来在我们快吃完的时候，下午 5 点左右，有一个日本帅哥进来询问，看样子是在问“没有提前预约能不能进来吃”，可惜餐厅的晚市已经约满，

只见他扫兴地出门离去。遥想当年《XFun 吃货俱乐部》关于九州福冈那期，Jason（刘雨鑫）也是因为预约晚了，没能订上这家店。由此可见这家水炊锅店的火爆程度。

菜单只有日文，服务员也只会说日语，不过不用担心，因为菜单实在是太简单了，主菜只有水炊锅（3 100 日元）和炸鸡（750 日元），主食只有面和饭两种选择，甜点只有香草冰激凌，其他部分就是各种酒了。

前菜

芝麻鸡胸

简简单单的两块白嫩的鸡胸肉，肉质超级滑嫩，入口惊艳，充满了鸡肉的香味。上面撒满了白芝麻屑和芝麻酱，味道非常浓郁。

随后上来一口大铁锅，这便是传说中的水炊锅了，略带黄褐色的汤汁上飘满了油花，鸡汤由鸡肉和鸡骨炖煮，清透无比。

火锅

水炊锅

先不吃肉，先喝汤。服务员给了每人一个小杯子，旁边放了葱花、柚子胡椒和盐等，可以按照自己的喜好加入。喝一口滚烫的鸡汤，鸡骨和鸡肉产生的旨味已完全融入汤中，鲜美之极！

随后开涮，鸡肉更是惊艳，用三个字来形容：滑、嫩、香。吃过鸡肉后，服务员又端上来一大盘鸡肉泥，用勺子舀成丸子放入锅中。随后涮蔬菜，蔬菜特别甘甜，与鸡汤融合后，简单的蔬菜也让人印象深刻！

第七章

和牛

わぎゅう | wagyū

和牛印象

提到日本美食，绝对不能不说和牛。日本和牛是世界上品质最高、价格最昂贵的牛肉，日本 A5 级和牛更是旅行者到此必尝的日本美食之一。神户这个城市也因神户和牛而成为关西地方旅行的必访之地，哪怕只在中午停留一顿饭的时间，在这里品尝一次奢侈的神户牛肉烧烤也是值得的。

和牛的主要吃法为日式铁板烧、炭火烤肉、寿喜烧，以及涮涮锅。日本的和牛料理店如此之多，以至于走在繁华的街头上，总能闻到一阵阵令人垂涎三尺、肚子咕咕叫，并忍不住吞咽口水的烤肉香气。

和牛烤肉是日本最盛行的料理种类之一，全日本共有 3 万多家和牛烤肉店，而在日本各大和牛店里，总能见到那些喜好牛肉，将牛排视为顶级佳肴，金发碧眼的西方面孔，他们一边大快朵颐，一边忍不住惊呼："太好吃了，再来一份！" 不要诧异于西方人"大惊小怪"的反应，你可要知道，在美国评级为 Prime 级（极佳级）的安格斯牛肉，在日本仅相当于 A2~A3 级，它与 A5 级的日本和牛相比，可真是小巫见大巫了。

和牛是高级的珍馐，价格自然也相当不菲，相同部位、相同重量的日本和牛价格相当于欧洲牛肉的 3 倍。吃一餐 150 克的 A5 级菲力牛排，价格基本在 10 000 日元以上。

日本和牛如此风靡世界，可谁能想到，日本人普遍食用牛肉，其实只是这最近 100 多年的事情。日本曾有长达 1 200 年的漫长时间是不吃牛肉的，公元 675 年，天武天皇颁布了《肉食禁止令》，即牛、马、鸡、狗、猴皆不得食用，日本人只能吃鱼来满足口腹之欲。直到 1872 年，明治天皇为极力改变锁国造成的落后，颁布的诏令之中，就包括了《肉食解禁令》，这才允许人民吃肉。明治天皇带头吃了日本 1 000 多年以来第一顿“官方认证”的炖牛肉，牛肉料理才终于开始发展起来。

直到 20 世纪 50 年代，日本将黑毛和种、褐毛和种、日本短角种、无角和种四个品种的牛，确立为“和牛”，与外来的西方“洋牛”加以区分，并禁止杂交，确保其肉质水准和纯正血统。因此神乎其神的日本和牛，说到底仅有几十年的历史。

绝大多数的日本和牛都是黑毛和种，包括耳熟能详的日本三大和牛：神户牛、松阪牛和近江牛。它们都是兵库县的黑毛和种“但马牛”。值得一提的是，并不存在天生的神户牛、松阪牛和近江牛，因为它们并非品种，而是品牌。只有经过严格筛选、品质最优、肉质达到 A5 级标准的兵库县但马牛才会被冠以“神户牛”的称号。松阪市附近养育了近万头但马牛，但能被冠以“特选松阪牛”称号的，每年仅有不到 200 头。

当然，也不能盲目迷信品牌或评级。A5 级的并不一定就比 A3、A4 级的好吃，很多老饕还认为 A5 级和牛的脂肪过于肥腻，反而少了肉味。总之，要根据自己的口味偏好来选择。

和牛等级

公认的世界上最好的牛肉——和牛，究竟出自什么样的牛呢？在现在日本所有铭柄和牛中，90% 均是黑毛和种这一品种，因此可以将黑黝黝的黑毛和种等同于日本和牛。

Kuroge Washu

全身皆黑，体型较小，体重约 450 千克（母）。肉质世界最优，肌肉纤维纤细，脂肪呈雪花状分布。

何谓“铭柄和牛”？ 日语中“铭柄”是品牌的意思。日本牛肉养殖协会对优质产地的高级牛进行品牌注册，这些高级牛品牌就被称作“铭柄和牛”，因此凡是铭柄和牛（名牌和牛），一定是非常上乘的。铭柄和牛根据养育牛的地方命名，如仙台市产的“仙台牛”、宫崎县产的“宫崎牛”。需要注意的是，铭柄和牛中，最高级的为“某某牛”，次之才是“某某和牛”，比如，“仙台牛”比“仙台和牛”高级，“宫崎牛”比“宫崎和牛”高级。

最高等级牛肉

脂肪渗入肌肉之中，呈雪花状的霜降分布。

根据肉质，和牛可划分出若干等级。国际上有 3 种标准：日本标准、澳洲标准和美国标准。它们之间的换算对应关系如图所示，即澳洲 M9 级以上相当于日本的 A5 级，数字越大，代表牛肉的“脂肪交杂程度”越高，肉质也就越肥。A5 级中的字母 A 表示的是出肉率，与肉质无关。

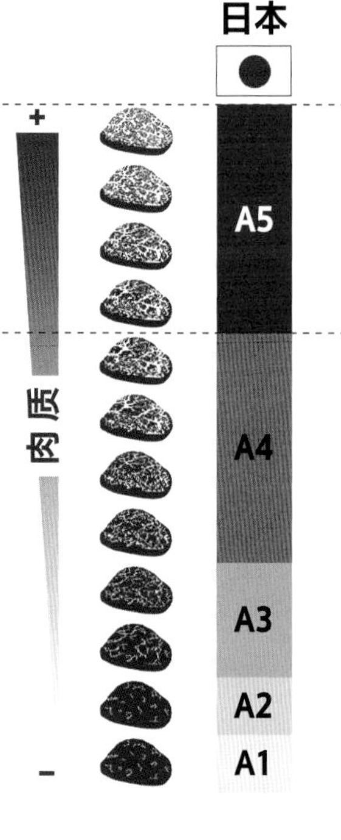

日本	澳大利亚	美国
A5	澳洲和牛评级最高到 M9，再往上统称 M9+。 M9	
A4	M8 M7 M6 M5	美国农业部评级系统中的最高 Prime（极佳）级相当于日本 A2~A3 级，其次是 Choice（特选）、Select（优选），因此日本 A5 级和牛早已经超出美国的评定范围。
A3	M4 M3	PRIME
A2	M2	CHOICE
A1	M1	SELECT

和牛品牌

现在日本有越来越多的牛被冠以“铭柄和牛”的称号，日本全国达到 150 种以上，几乎每个县都有自己的品牌（铭柄）。最为著名的当属“日本三大和牛”——神户牛、松阪牛和近江牛。这 3 种牛只是品牌不同，品种皆为兵库县的但马牛。

神户牛
关西地方 · 兵库县

大名鼎鼎的神户牛，其知名度之高，堪称日本和牛的“代言牛”。其实神户牛并不产自神户市，而是神户所在的兵库县，只有最高品质的兵库县但马牛，才能被称作“神户牛”，需培育 32 个月，年产 3 000 头。

松阪牛
关西地方 · 三重县

松阪牛被认为是世界顶级的和牛，号称“和牛之王”。它是兵库县出生的但马牛，被引进到三重县的农场后悉心培养 30 个月，给喝啤酒，还推拿按摩，由此长成的牛。其肉质柔软，牛香浓郁，年产不超过 200 头，极为稀有。

近江牛
关西地方 · 滋贺县

近江牛是“日本三大和牛”中历史最悠久的，400 年前丰臣秀吉就用近江牛犒劳将士。近江牛也是兵库县的但马牛，在滋贺县喝着琵琶湖水长大，牛肉芳香醇厚，年产 5 000 头，是三大和牛中最具性价比的。

除了“日本三大和牛”，还有许多品质直逼“三大”的知名和牛品牌，如米泽牛、宫崎牛、飞騨牛、仙台牛、佐贺牛、熊野牛等，都属于当地著名美食食材，在日本各县游览时可以留意品尝。

米泽牛
东北地方 · 山形县

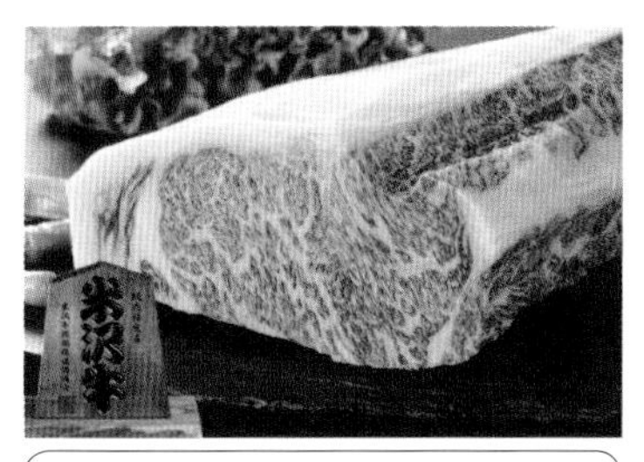

米泽牛因味道极为鲜美，有人认为它才是“日本三大和牛”之一（替换近江牛）。日本东北地方的山形县气候温差大，土壤非常肥沃，以此培育出的米泽牛非常优质，牛肉如雪花般丝滑。

宫崎牛
九州地方 · 宫崎县

九州东南部的宫崎县自然资源丰富，出产的牛有极高的品质，2007 年日本和牛“奥运会”评选中宫崎牛勇夺冠军，又由于宫崎牛最早出口美国，因此成了享誉世界的和牛品牌。

飞騨牛
中部地方 · 岐阜县

首先“騨”这个字并不是“弹”的繁体字，念 [tuó]。飞騨国是岐阜县的古称，飞騨牛是日本中部地区最出名的牛，在当地（高山市）有着众多与和牛相关的美食，烤肉、和牛寿司、和牛肉串店比比皆是。

牛排熟度

高级的铭柄和牛最主要的消费方式便是牛排烧烤，在和牛店吃牛排的时候，经常会被问到要做成什么样的熟度。这时应当如何回答呢？

牛排共分为六种熟度，牛排熟度越低，越能保留生牛肉的原汁原味，牛排吃起来越软嫩，汁水也越丰盈。几分熟通常只说奇数不说偶数，而这种数字说法为国内特有，因此在国外点餐时请务必记得对应的英文。建议初尝牛排者选择三分至七分熟。

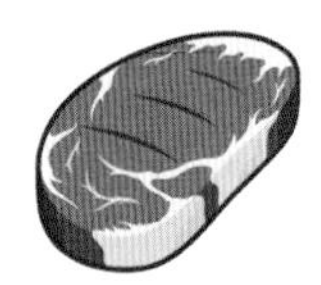

全生

BLUE

并不常见的熟度，只加热几十秒，基本完全保留生牛肉的原汁原味。

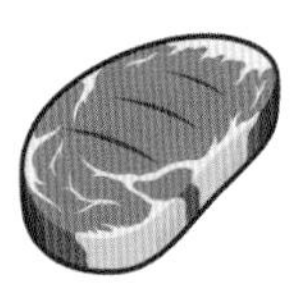

一分熟

RARE

牛肉内部呈血红色，切下去即可见血，口感较凉，多汁，风味浓郁。

三分熟

MEDIUM RARE

老饕的最爱。外表焦褐，内部粉红，中心则是血红色。口感润滑柔嫩。

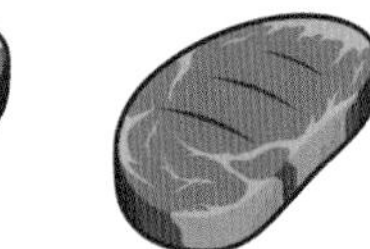

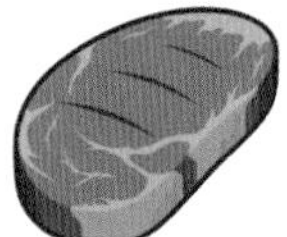

五分熟

MEDIUM

熟度均衡。内部呈粉红色，入口有一定热度，肉质柔软且汁水丰富。

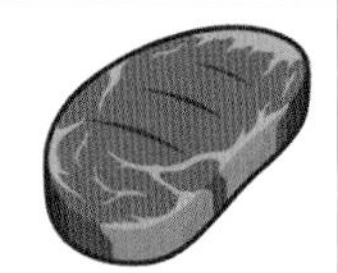

七分熟

MEDIUM WELL

国人最爱的熟度。内部呈淡褐色，入口略烫，口感稍韧，汁水较少。

全熟

WELL DONE

完全熟透，不带血丝，肉质柴硬且少汁水，属于并不常见的熟度。

牛排部位

恐怕不少朋友会被牛排店里那些偏僻怪异的词汇——沙朗、西冷、菲力、米龙等，搞得头昏脑涨。这些都是牛肉部位的英文音译，牛肉部位有很多，不需全部认识，只需要知道其中 3 个最有名的部位就够了。

西冷 （サーロイン，sirloin）

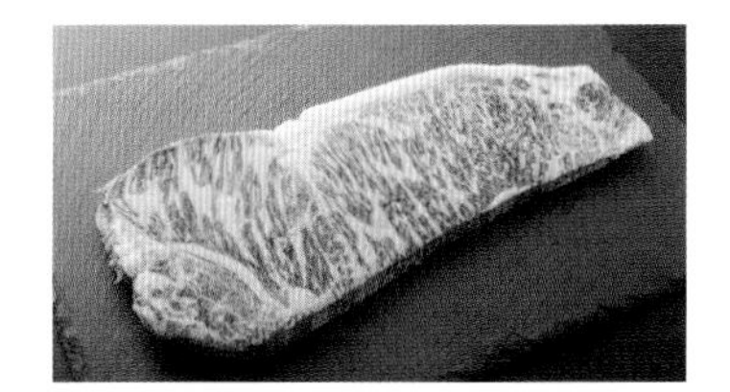

西冷是牛肉中风味最佳的部位。好的牛肉部位几乎都来自牛的背部，因为牛背上的肉不常运动，肉质最为细嫩。西冷便是牛腰背部的外脊肉，和菲力部位（里脊肉）相距很近，肉质细腻程度仅次于菲力。A5 级的西冷会带有大理石纹理的脂肪。建议熟度：三分熟、五分熟、七分熟。

菲力 （フィレ，fillet）

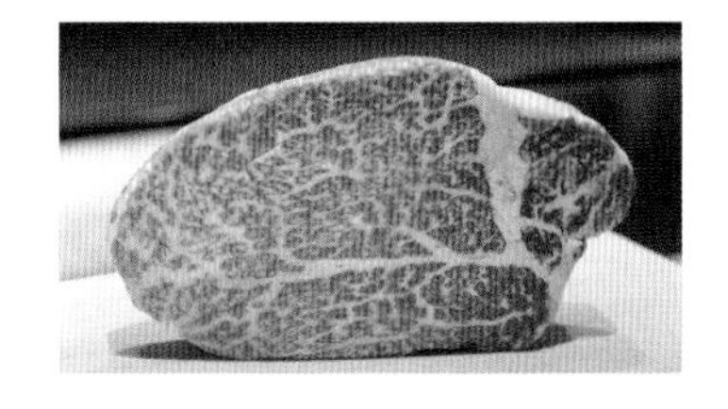

菲力是牛肉最嫩的部位，牛肉中的王牌，位于牛腰肉末端的脊柱下方（里脊）。这块肉虽是肌肉，可是活动量极少，因此肉质非常柔软且口感清爽。品质好的菲力纤维细腻，纹理均匀。一头牛只能切出 4~6 磅①菲力，因此价格最为昂贵。建议熟度：三分熟、五分熟。

肋眼 （リブロース，rib eye）

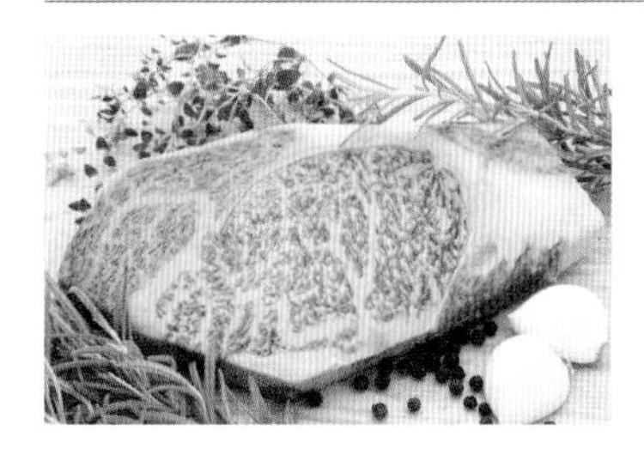

肋眼是牛肉中油花分布较多且肉质软嫩的部位，位于牛肉肋脊部位、靠近背脊的肌肉。这块肉也是不甚运动，肉色粉淡，非常柔嫩，口感细腻。牛排上有明显的大理石状脂肪花纹，脂肪较多，其中最具特征的便是牛排的中间会有一块明显的油脂，剖面看起来就如同“眼睛”。肋眼是最受人们欢迎的部位之一，其丰富的油脂会散发出迷人的牛油香味。建议熟度：五分熟、七分熟。

---

① 一磅等于 16 盎司，合 0.4539 千克。——编者注

和牛餐厅推荐

石田屋

石田屋

人均消费：450 元人民币

地点：日本神户

石田屋堪称神户市最具性价比的和牛名店，就算吃一顿名贵的神户和牛也不会价格高得令人无法接受，套餐价格基本都在 1 万日元以下。石田屋在日本有多家分店，不同店有不同的和牛吃法：烧肉（自己在桌上用炉火烤肉）、铁板烧（有板前料理）、涮涮锅。另外还可以在石田屋肉店买神户和牛肉。

雪月花

肉屋 雪月花

人均消费：1 300 元人民币

地点：日本名古屋

日本中部大城市名古屋十分发达，西洋料理的发展非常兴盛，尤其是对于有着西餐血统的牛肉料理，这里甚至不输东京。雪月花便是名古屋最负盛名的和牛店，也是 tabelog 银奖得主，在日本的牛肉料理排名中仅次于京都三芳。店内料理是丰富至极的牛怀石，价格相较京都三芳却又低了不少，极为推荐。

老乾杯

人均消费：750 元人民币

地点：北京、上海、深圳等

老乾杯是一家来自“宝岛”台湾的高级日式烧肉店，除了在台湾省开设了多家分店，北京、上海、深圳的市中心也均有门店，其中上海外滩 5 号的老乾杯还获得了米其林一星的荣誉。店内肉材选用的是澳洲和牛（M8、M9 级），虽然不是日本和牛，但也相差无几，是国内高端烤肉的不二之选。

黑门和牛

人均消费：500 元人民币

地点：上海新天地、虹桥

黑门和牛是上海日式烤肉的人气名店之一，牛肉选用的是澳洲和牛或雪龙和牛，服务上乘——全程无须自己动手烧烤。除了日式和牛烧烤，还可试一试寿喜烧、香煎牛舌等菜肴，都是不错的美味。环境和服务都非常日式，更关键的是这家店的性价比很高。

MOURIYA｜入口即化、油香四溢的神户和牛

地点：日本神户　用时：1 小时

人均消费 730 元人民币

出了神户市三宫车站，往北一拐，就到了一条热闹非凡的小路——西国街道。单是在这条长度不到 200 米的街上，就有 5 家 MOURIYA（莫利亚）和牛铁板烧店。

神户市有无数和牛烤肉店，MOURIYA 并不是最出色的那家：它既没有雪月花那样高端精致，也不如石田屋那般性价比高。但 MOURIYA 绝对是最具知名度的那一家。作为拥有 130 多年历史的老字号，MOURIYA 在神户市已经是无人不知、无人不晓的名店。它在中国的人气也非常高。现在 MOURIYA 已经成为全世界旅客去神户市时品尝神户和牛的首选餐厅。除了在神户市同一条街上有 5 家店，MOURIYA 在京都祇园还有一家分店。

在官网提前预约好了位子，从大阪梅田坐着阪神本线赴约而来，一进门，我便感受到其装修的高雅格调与西洋风格。店内服务员身着西装制服，颇具风度。里面已经有几桌金发碧眼的西方客人在吃了，他们大呼：“好吃！再来一盘肋眼。”板前乐开了花，一边切着牛肉，一边用非常流利的日式英语与西方客人聊天，气氛热闹融洽。

我已经提前在官网上选好了套餐，一个便宜的一个贵的，分别为神户牛内腿肉 120 克套餐（5 500 日元）、A5 级神户牛极上肋眼 180 克套餐（17 500 日元）。

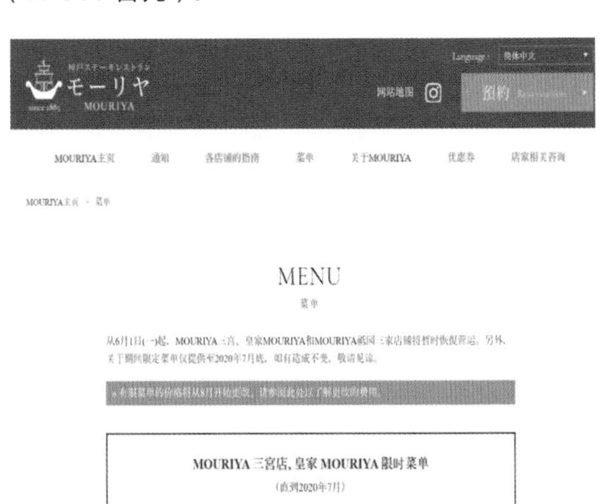

板前先不烤和牛，而是上来一道前菜。

玉米浓汤

瓷碗中是香甜的玉米浓汤，口感非常细腻，这道前菜温暖可口。随后是两块面包。

餐前面包

一块是核桃面包，另一块是麦香面包，并非酥软的类型，略有嚼劲。

蔬菜沙拉

沙拉的食材非常新鲜脆嫩，吃完这一大盘蔬菜，我感觉自己已经摄入了全天所需的维生素。接下来便是和牛，板前将我们今天要吃的和牛肉端出来给我们过目。

和牛食材

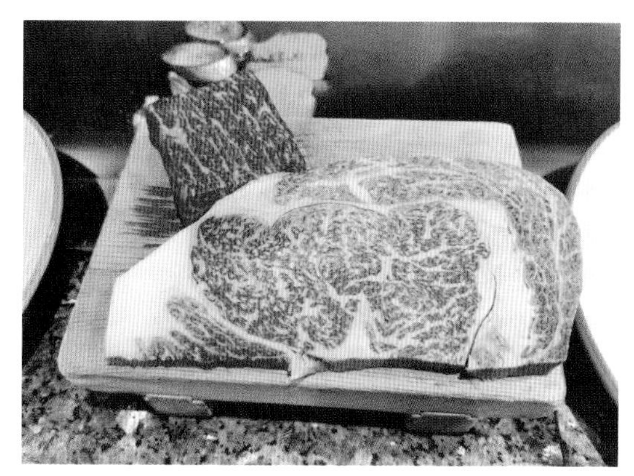

近处大片的是 A5 级和牛肋眼，大理石纹理非常均匀，牛肉呈美丽的粉色，完全是教科书级的神户和牛肋眼。后面红色方块状的是内腿肉。

板前开始料理，先将肋眼的油脂部分切掉，又迅速将一分为二的肋眼放回木板上。肋眼的油脂在铁板上迅速化开，板前把内腿肉切成几块，先来料理。

他用英语问道："请问要吃几分熟？"我回道"五分"，吃完第一口，他会再次确认是否觉得熟度合适，非常贴心。

内腿肉

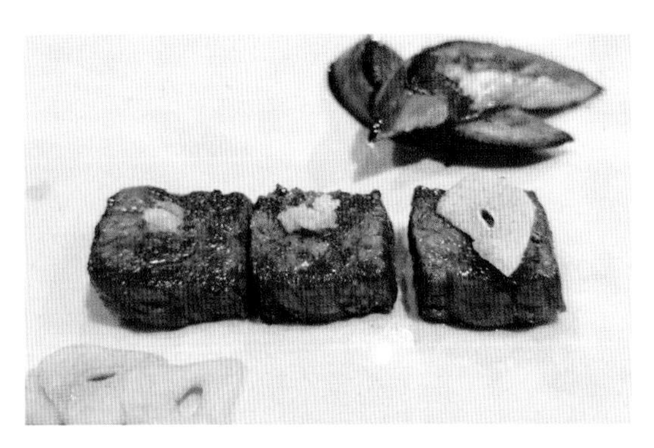

内腿肉的肥瘦度刚刚好，油香四溢的同时也有瘦肉的纤维和嚼劲。盘子上有 4 种配料，分别为烤蒜片、胡椒粒、盐和芥末，可以先依次尝试，之后再选择自己最喜欢的蘸取。

除了内腿肉，还烤了红薯、茄子和洋葱。红薯烤至金黄色，色相极好，吃在嘴里软烂且甜蜜。茄子与洋葱也都煎至柔软鲜嫩，是非常美味的配菜。

内腿肉吃完，板前开始烤肋眼。

肋眼

肋眼的肉很薄，入口已经半化，名不虚传的软嫩。A5 级的神户和牛用一个词来形容，那就是“肥美”，蘸着山葵吃，十分美妙。但吃不惯油腻的朋友恐怕会接受不了，因为吃 A5 级和牛的感觉就像是在吃一整块肥肉。当天中午 12 点吃的和牛肋眼，到了夜里 12 点，嘴里还泛着油味。

豆芽炒和牛粒

最后板前还会将剩下的一些肋眼切成肉末，与豆芽混炒。豆芽的汁水非常丰盈，脆嫩可口，搭配牛肉粒十分美味。

餐后咖啡

吃完和牛别急着买单走人，还有红茶或咖啡可以享用。咖啡油脂丰盈，咖啡杯子也尤为美丽。

一场 A5 级神户和牛的铁板烧体验就此结束，虽然价格不菲，但牛肉极佳，服务优质，还是值得品尝的。

第八章
蟹
カニ | kani

蟹的品种

日本三大蟹

秋冬季节去日本，除了滑雪和泡温泉，还有一件非常值得做的事，那就是品蟹。蟹在日本料理的食材中占据了极为重要的一席，每年 11 月，捕捞解禁，日本各大市场的摊位都会在最显著的位置摆上刚捕获的螃蟹。各家餐厅也都会将蟹料理纳入菜单之中，为食客们带来这一年一度来自冬季海洋的珍馐。在白雪皑皑、天寒地冻的冬日里，吃一顿温暖鲜香的饕餮蟹宴，绝对是人生的一大享受。

中国人也爱吃蟹。中国的蟹，有江浙沪地区的大闸蟹，粤菜中常见的青蟹（雌性的青蟹叫膏蟹，最肥美的膏蟹又叫黄油蟹），还有山东的梭子蟹，另外在国内靠近东南亚的地区（如香港、澳门），还常见到面包蟹和珍宝蟹这样长得又胖又圆的蟹种。

而日本的蟹和中国的蟹大有不同。中国蟹类多种多样，各地不同，日本人吃的蟹 80% 以上都是同一种蟹，那就是松叶蟹。剩下的 20%，则由毛蟹和帝王蟹构成。所以说，松叶蟹、毛蟹和帝王蟹，可谓日本的三大蟹。

什么是花咲蟹？上图右上方的帝王蟹其实并非普通帝王蟹，而是一种叫花咲 [xiào] 蟹的帝王蟹近亲，多产自日本北海道根室市，全身长刺覆盖，长相非常漂亮且独特，体型比普通帝王蟹小一些。

松叶蟹

别名：雪蟹、楚蟹、头矮蟹	日文：ズワイガニ | zuwaigani

松叶蟹是最受日本人欢迎的蟹类，蟹料理中的主角。其外形特征为蟹腿细长，雄蟹甲宽最大可达 14 厘米。

松叶蟹分布于日本海和北太平洋海域。寿命约 15 年，在 10 岁后进入成年，食用的蟹龄一般在 11 岁以上。

食用的最佳时期为 11 月到次年 3 月，因为只有这段时间才是松叶蟹的捕捞期，可以吃到肥美的活蟹。

味道特征：肉味甘甜，肉质细腻。

毛蟹

别名：红毛蟹	日文：毛ガニ | kegani

体型不大，但小小的身躯之下有着令人惊艳的美味。其外形矮墩，密布短短的刚毛，甲宽为 10 厘米左右，重量为 400~600 克。

毛蟹分布于西北太平洋的沿岸海域，一年四季都可食用，且均有捕捞。

味道特征：肉质纤细，味道鲜美。

帝王蟹

别名：石蟹、岩蟹、鳕场蟹	日文：タラバガニ | tarabagani

帝王蟹是日本高级蟹种，价格昂贵。其外形巨大且多刺，甲宽可达 25 厘米，体重一般在 2 千克以上。另外还有一种艳红色、多刺的蟹，名叫花咲蟹，也属帝王蟹的一种。

帝王蟹的产地以日本北海道最负盛名。捕捞季节为 1~5 月和 9~10 月，其中以 4~5 月产出的帝王蟹最为肥美和肉质甘甜。

味道特征：肉质饱满紧实、富有弹性，纤维粗壮，口味淡雅。

细说松叶蟹

松叶蟹又叫雪蟹或楚蟹，是冬季日本蟹料理中当之无愧的头牌。它不仅蟹壳少、蟹脚长，而且蟹肉鲜美，是日本人食用最多的蟹类。下面就为大家详细介绍这一日本蟹类代表。

产地

松叶蟹的产地以日本山阴地区（日本中国地方[①]山地的北侧阴面）为最佳，山阴地区出产的松叶蟹还会根据出产的地名而命名，并用不同颜色的标签加以区分。最知名的松叶蟹有 3 种：京都府丹后半岛的间人蟹、石川县能登半岛的加能蟹，以及福井县越前岬的越前蟹。这 3 种蟹不论品质与味道都是顶级的，当然价格也是最昂贵的，在水产市场上一只间人蟹单价可达 2~5 万日元，而拍卖级的货色可达百万日元一只。

间人港
京都府

能登半岛
石川县

越前岬
福井县

① 中国地方：日本的一个区域，位于日本本州岛西部，由鸟取县、岛根县、冈山县、广岛县、山口县 5 个县组成。——编者注

除了最有名的间人蟹、加能蟹和越前蟹 3 个松叶蟹品种，兵库县的柴山蟹、津居山蟹和岛根县的隐岐蟹也十分受欢迎。它们都地处日本山阴地区，相距不远，属于同一海域。

间人蟹

京都府丹后半岛

公认的品质和味道最高级的松叶蟹，被称为“梦幻之蟹”。

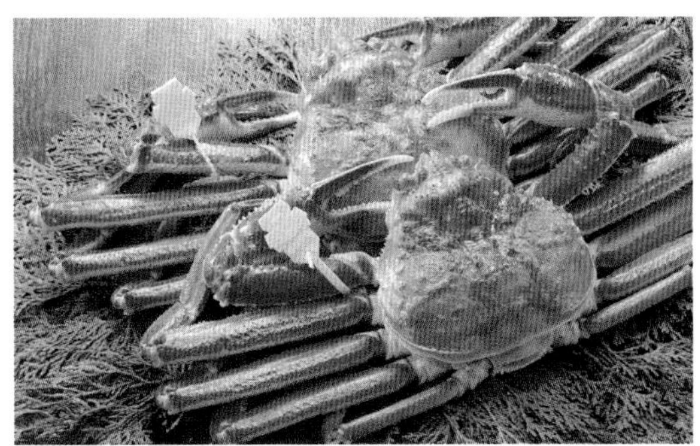

越前蟹

福井县越前岬

味道细腻甘甜，肉身饱满，蟹黄有浓厚的风味。

加能蟹

石川县能登半岛

肉质浓郁细腻，蟹黄品质极佳。

津居山蟹

兵库县津居山港

肉质饱满，味道上乘。

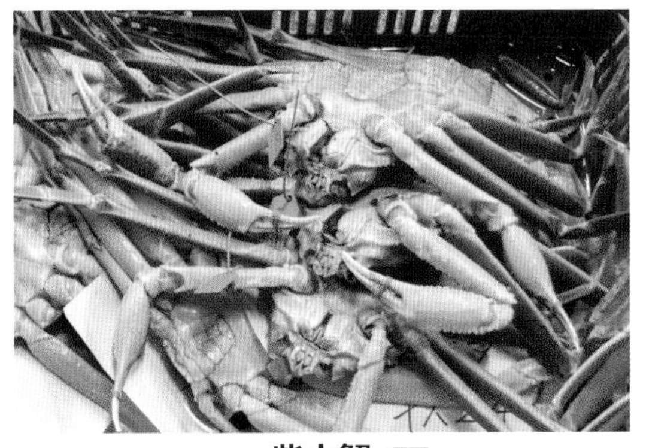

柴山蟹

兵库县柴山港

身形硕大，肉质饱满。

隐岐蟹

岛根县隐岐诸岛

肉质紧实，鲜美多汁。

季节

松叶蟹这种美味并非想吃的时候随时都能吃到，只有捕捞季节才能吃到最肥美的野生松叶蟹。

日本渔业每年的秋冬季节从 11 月 6 日才开始捕捞解禁，捕捞期一直到次年 3 月。而雌蟹的捕捞期就更短了，只有从 11 月 6 日到 12 月底，不到 2 个月。

其他时期也不是完全吃不到蟹，不过通常是养殖蟹或冷冻蟹。

黑点

在吃松叶蟹的时候，总会在蟹壳上见到类似下图这样的黑色小圆点。业内人士会笑着告诉我们说："蟹壳上的黑点越多，蟹肉越美味。"那么这些黑点到底是什么呢？

答案是：黑点为蟹蛭的卵。蟹蛭卵越多，代表该蟹距离上次蜕壳的间隔时间越长（脱壳周期约为一年），蟹肉在壳中长得就越饱满，脂肪积累得也越丰盈。而背上没有附着蟹蛭卵的，很有可能是脱完壳不久，刚披上新壳的蟹。脱壳过程不仅会消耗螃蟹的大量体力和脂肪，并且螃蟹的身入率（肉占壳的空间比例）也会急剧下降。

雌蟹

其实只有雄蟹才能被称作松叶蟹，雌性松叶蟹则被冠以“香箱蟹”“背子蟹”“甲箱蟹”“势子蟹”等与蟹籽相关的名字。相较于体型庞大、价格昂贵的雄蟹，体型较小的雌蟹价格低廉得多，一只不到 1 000 日元。

雌蟹的形态特征为：甲宽大约只有 8 厘米（雄蟹甲宽可达 14 厘米），蟹钳十分短小可爱。

雌蟹有着细腻的肉身、浓厚的蟹黄和鲜脆的抱籽，风味独特。在日本吃蟹有一大好处，那便是无须自己剥壳，通常店家已经将煮熟的蟹肉、蟹黄、蟹籽全部拆出装于蟹壳（日语叫作“甲罗”）中，食客们只需将甲罗当作盛放器皿，用筷子夹食，大快朵颐，非常方便！

蟹的吃法

了解了这么多关于蟹的知识，那到底怎么吃蟹呢？日本蟹的吃法和国内的大不一样，并非像大闸蟹那样蒸一下就很好吃，也不像红膏鲟那样煎炸着吃。日本松叶蟹的烹饪方法常常是一蟹多吃，让食客全方位体会蟹味：常常先从四只蟹腿的刺身开始吃起，然后用煮的方式让食客品尝另外四只蟹腿。

蟹刺身

如果没吃过蟹刺身，那么你永远无法想象那晶莹剔透的蟹肉中所蕴含的甘甜黏糯，犹如甜品一般的鲜美。

煮螃蟹

饱满的蟹肉经煮熟，升华出了另一番滋味——香醇。用蟹匙将呈一绺一绺的鲜嫩蟹肉挖出食用，太美味了！

蟹火锅

将蟹肉涮于火锅中，锅底汤汁常为昆布和鲣节出汁，更加提鲜。再佐以蔬菜、豆腐等食材，形成一道丰盛的主菜。

炭火烧蟹

炭火烧是另一种蟹的主要料理方式。边听着蟹壳在火中噼啪作响，边闻着升腾出的温暖蟹香味，是冬季一大享受。

火锅和炭火烧是体现蟹味香甜的绝佳方式，是蟹料理中的主要手法。而蟹壳里鲜美丰盈的蟹黄则惯用甲罗烧或甲罗酒的形式食用，蟹钳和蟹腿还可以用天妇罗的手法炸熟，主食常常可以做成蟹釜饭、蟹泡饭以及蟹寿司等形式。

甲罗烧

在盛满蟹黄的蟹壳中倒入味噌或日本酒，再加入葱花提味，置于火中烧熟，蟹黄浓郁的香味令人欲罢不能。

蟹天妇罗

油炸的蟹肉是另一种美味，香酥的面衣包锁住蟹肉的鲜甜，咬一口，香气扑鼻。

蟹泡饭

蟹火锅的出汁里加入蟹肉和蟹黄，与米饭一起在锅里炖煮。软糯的米粒充满了浓郁的蟹香味，是绝美的主食。

蟹寿司

蟹料理主食的另一种方式则为蟹寿司。一根经过微微炙烤后饱满的蟹腿肉，搭配着酸香的醋饭，一口食用，令人十分满足。

蟹料理餐厅推荐

蟹道乐

かに道楽

人均消费：350 元人民币

地点：日本多家分店

蟹道乐绝对是日本蟹料理专门店中名声最响亮的，尤其是大阪的道顿堀本店，从来都人满为患，许多中国游客去日本旅行都会来这里品尝美味的蟹料理。蟹道乐在日本有 40 多家分店，每家店的门面都很大，装潢气派。这里的蟹会席套餐将蟹用多种料理手法呈现，让食客全方位体会蟹的美味，是吃蟹的首选餐厅。

蟹的冈田屋

人均消费：400 元人民币

地点：上海、北京、杭州、苏州等

自从在上海太平洋百货首次开业，蟹的冈田屋便极具人气，光是上海就有 10 余家，陆续又在苏州、杭州和北京开设了分店，是为数不多能在国内领略日式松叶蟹的蟹料理专门店。该店可选冷冻蟹或者活蟹，吃法稍简单（蟹火锅、蟹泡饭），不如在日本吃的丰盛，但聊胜于无。

蟹本家

かに本家

人均消费：500 元人民币

地点：日本北海道札幌

蟹本家是日本北海道札幌市最大的蟹料理专门店，从高达数层的气派大楼和巨大的招牌就能看出其在札幌餐饮界的重要地位。这里常用北海道本地产的帝王蟹，所以套餐价格普遍要比蟹道乐高一些，但服务好，品质高，体验极佳，因此仍然是去北海道旅行时的必吃餐厅。

蟹将军

かに将軍

人均消费：500 元人民币

地点：日本北海道札幌

来北海道怎能不吃蟹？北海道的螃蟹是日本最大最肥的，这里的蟹料理非常盛行，正因为火爆，最出名的蟹本家可能会人满为患。如果排不上蟹本家，那蟹将军也是相当不错的选择，量大蟹优，套餐丰盛，价格还算实惠。地理位置是札幌市中心薄野。

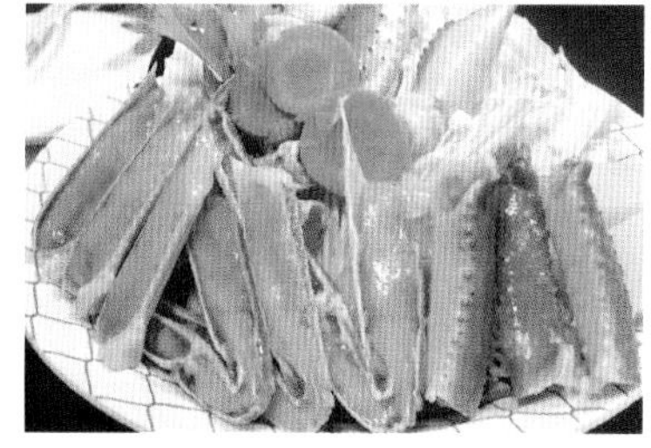

除了可以在旅途中顺道品尝平价蟹料理店，在日本还有许多值得专门安排一次冬季行程的高级蟹料理店和日式温泉旅馆。如果想要品尝顶级的蟹宴，破费一下，那么非这些地方莫属。

kita 福

きた福

人均消费：2 500 元人民币

地点：日本东京赤坂、银座

kita 福是东京都内首屈一指的蟹料理专门店，曾获得 tabelog 铜奖，米其林一星，共有两家店，皆属顶级水准。冬季在这里可以品尝到间人蟹、越前蟹等，而在其他季节则可以吃毛蟹和帝王蟹。主厨会为食客一人准备一只活蟹，现杀现做，从蟹腿刺身到蟹腿天妇罗，再到蟹壳的甲罗烧、甲罗酒和蟹肉杂炊，全方位呈现一只蟹的美味。

麻布幸村

麻布 幸村

人均消费：3 200 元人民币

地点：日本东京港区

麻布幸村是一家位于日本东京港区的老牌米其林三星料亭，被誉为“一生必吃的蟹料理”。这家名声显赫的餐厅，虽然在楼下连个招牌也没有，店内也是十分狭小，但每年冬季（12 月 ~ 次年 2 月）在这里却可以吃到最美味的顶级间人蟹。主厨会将活蟹摆于客人面前，然后当场宰杀，“君子远庖厨”的朋友可能会有些受不了。主厨在京都修行过，菜式十分有创意，洋食、日料混搭出绝美的料理，每一道菜品都超乎想象，更新食客对味蕾的认知。

蟹吉

かに吉

人均消费：3 300 元人民币

地点：日本鸟取市

日本米其林二星、tabelog 铜奖获得者的蟹吉，是日本鸟取市最负盛名的蟹料理专门店。地处山阴地区，鸟取市可谓“近水楼台先得月”，总能捕捞到品质最优的松叶蟹，绝对值得大家为此特意安排一次日本冬季山阴之旅。

望洋楼

望洋楼

旅馆半食宿：7 500 元人民币 / 人

地点：日本福井县

从福井县打捞上来的越前蟹，是松叶蟹中的极品，常年作为贡品蟹献给日本皇室。位于三国温泉的望洋楼，便是品尝越前蟹的最知名温泉旅馆。在寒冷的日本北陆地方冬季，入住由女将服务的日式旅馆，面对海景泡着露天温泉，品尝顶级的越前蟹宴，没有什么是能比这个更加享受的体验了。连美食家蔡澜都如此评价：“说到最喜爱，最后还是选中了福井县……海边的那家望洋楼最舒服……吃的是一流的螃蟹……一试难忘。”

去日本必逛的六大海鲜市场

丰洲市场

东京

2018 年底，日本曾经最大的海鲜交易市场——筑地市场，搬迁到了江东区的丰洲。来这里的观光客大多并不是为了购买海鲜产品，而是为了一睹著名的“金枪鱼拍卖”。新丰洲市场的渔业经纪批发大楼的 3 层设有观景台，供游客观看这一具有日本特色的金枪鱼交易。另外还可逛一逛餐饮街，寿司大等名店也已搬迁至此。

黑门市场

大阪

在大阪除了逛心斋桥和道顿堀，还有黑门市场也非常值得前往。这里能买到日本各地的名产，你可以看到 100 元人民币一颗的草莓（真珠姬），吃到 450 元人民币一大颗的静冈香瓜，买到北海道产的松叶蟹、函馆产的海胆以及各种 A5 级和牛，美食种类丰富，价格也不算高，可谓“吃货的天堂”。里面极为热闹，每天都人满为患。

锦市场

京都

京都市中心的锦市场，可谓“京都的厨房”，这里也是怀石料理名店主厨们的采购圣地。京都地处内陆，因此这里并不像黑门市场那样海鲜齐全。锦市场里的店铺主要以京渍物、京野菜、调味料、各种豆制品以及京都传统的刀具和餐具为主。锦市场拥有 700 余年历史，130 多家店铺林立，是喜欢京都传统饮食文化的朋友必逛的商业街。

近江町市场

北陆 · 金泽

美食圣地金泽的近江町市场，乃是日本北陆地方最大的海鲜市场，有将近 200 家店铺，汇集各种山珍海味于一堂。尤其到了每年 11 月 ~ 次年 3 月的螃蟹捕捞季，近江町市场可谓放眼皆红，满目璀璨，到处都是顶级的北陆地方能登半岛的名产——加能蟹。相较于高级料亭价格不菲的蟹宴，直接在这里购买后再自行料理自然是最划算的。

二条市场

北海道 · 札幌

北海道首府札幌市的二条市场，成立于日本明治时代，至今已有 100 多年历史，是北海道三大海鲜市场之一。这里地段相当不错，位于札幌市中心的商业步行街狸小路附近。在二条市场可以临街买到许多北海道有名的特产，比如帝王蟹、海胆、扇贝、昆布以及生蚝等。如果在札幌市入住的是带有厨房的民宿，那么这里绝对值得前往。

函馆朝市

北海道 · 函馆

一下函馆市的车站，你就能看到当地最负盛名的景点——函馆朝市。它与札幌市的二条市场和钏路市的和商市场并称“北海道三大市场”。最有趣的当属钓活鱿鱼，钓到的鱿鱼便当场做成晶莹剔透的鱿鱼刺身。除此之外，许多知名餐厅在函馆朝市云集，比如吃海胆饭的村上海胆，以及营业到深夜、做海鲜的海光房。

蟹食记

蟹道乐|总能令人大满足的饕餮蟹宴

地点：日本京都　用时：1.5 小时

人均消费 250 元人民币

若问有哪家餐厅是我每次来日本都能吃得十分满足，并且吃过还想再吃，每次吃还会有新的惊喜、新的满足和新的感悟，那非蟹道乐莫属。

蟹道乐并不能被称作一家网红店，因为在没有网络的时候它就已经非常红火了。蟹道乐始创于 1962 年的大阪道顿堀，全日本有接近 50 家分店，遍布关东地方、关西地方、中国地方和四国地方。尤其是位于大阪心斋桥的道顿堀本店，在节假日经常人满为患，一位难求。

然而，连锁店的好处，就在于不论在哪家都能享受同样品质的蟹料理，有些地方分店的装潢和服务甚至会更加优质，其中位于京都和横滨的分店体

验感都很好。

在阴雨绵绵的京都一天，我便在人声鼎沸的商业街——新京极的尽头，按捺不住馋蟹的心情，走进了这家蟹道乐。

相比大阪，京都蟹道乐可谓门可罗雀，但在这

个工作日的下午 3 点，还是需要取票等位，我在新京极商业街里闲逛了 1 个小时，再返回来，终可入内，脱鞋上楼。

下午 4 点前都可以点午市套餐，价格非常实惠，平均每个蟹会席套餐在 4 000 日元上下，就算点最便宜的会席套餐，也是饕餮蟹宴。

入座日式榻榻米座位，整体装潢极具日本传统风格，身着和服的女侍者端来菜单和热毛巾，我点了午市的“悠花”会席套餐。

1

水煮螃蟹配醋

煮熟的蟹肉，已经过冷却。鲜美之极的一只蟹腿和一只蟹钳，醋味淡雅清香，丝毫不抢蟹肉的香味，又十分提鲜。

2

蟹肉刺身

生吃蟹肉恐怕是日式蟹料理店之外很难尝到的美味。蟹肉刺身集甜、鲜、糯为一体，吃时头皮发麻，吃后回味悠长。蟹刺身共有 3 块，分别是蟹身、蟹腿和蟹钳。

3

蟹肉蒸蛋

蟹道乐的茶碗蒸蛋，绝不是以一个蒸蛋草草了事，而是拌入了鲜美的蟹肉，蛋羹层次分明，底部还有山药和银杏白果。

4

奶汁烤蟹肉通心粉

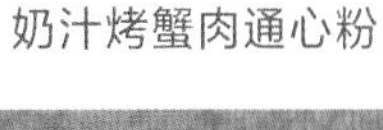

一家好的蟹料理专门店，应当做到所有菜肴里都有蟹的元素，围绕“蟹”这一主题进行充分演绎，用各种烹饪手法来诠释蟹的鲜香与美味。

这道颇西式的焗螃蟹，既有芝士的香，又有蟹肉的鲜，香气扑鼻，浓郁可口。

5

烤螃蟹

用炭火烧至橙红色的蟹肉。依然是 3 块：蟹身、蟹腿和蟹钳。蟹壳都烤至酥脆，散发着浓郁的香味。

6

蟹肉天妇罗

蟹肉天妇罗是一只蟹腿和茄子，炸得酥脆，面衣略厚，但油香可口，搭配萝卜泥和酱油食用。

当我吃到一半时，身着和服的侍者端上一口铁锅，将米饭现煮 40 分钟，直到天妇罗吃完，才掀开木盖。

7

蟹肉釜饭

掀开盖的一刹那，热气蒸腾，空气中弥漫着满满的饭香。米饭黏糯，颗粒分明，在锅底处还有焦香可口的锅巴。

蟹饭有两种吃法，一种是蟹肉拌饭，另一种则为茶泡饭，搭配芥末和香葱。

蟹肉用了一个单独的器皿盛放，十分鲜美。这道蟹肉釜饭是我极为推荐的，要比主食为寿司的套餐更加丰盛和令人满足。

8

抹茶冰激凌

最后，餐后甜点为现磨的抹茶，由侍者现场倒入冰激凌器皿中，非常具有仪式感。抹茶浓稠，味道厚重，香草味冰激凌清甜。

酒足饭饱后，不禁感慨：这一顿 200 多元人民币的蟹宴竟然能如此丰盛，带给人极大的满足感，这种毫不糊弄的匠人精神似乎只有在日本才能体验到。

虽然目前国内也开了许多家蟹料理专门店，有的甚至价格不菲，达到了人均消费近千元人民币，但目前看来大部分也只学到了蟹料理的外表（名字、门脸和招牌）。实际的蟹料理不论是菜单设计还是处理手法，都和日本蟹道乐、蟹本家、蟹将军等有着巨大差距。

第九章
居酒屋
いざかや | izakaya

居酒屋印象

要想了解地地道道的日本美食文化，体验最具当地特色的饮食风味，恐怕并不是去追求那些米其林星级餐厅，而是应当造访日式居酒屋。

居酒屋里的食物大多是当地的名产，在这里可以吃到最具特色的乡土料理；居酒屋的价格又十分低廉，是饱腹充饥最划算的餐厅类型。居酒屋料理有着它独特的魅力，主角是酒，配角是菜肴，正因如此，菜肴大多是适合下酒的，比如刺身、烧鸟、煮物、锅物等。日本的餐饮业非常发达，每到晚上，白天似乎不曾见到的居酒屋全部亮起灯光，霓虹灯耀眼得如同白昼，整条街灯红酒绿，令人目不暇接。在居酒屋里吃饭，有个极大的好处，那便是气氛比寿司店、天妇罗店、怀石料理店要轻松愉悦得多。一向安静的日本人只要一进入居酒屋，就像换了副面孔一般，变得毫不拘谨，开始放声喧哗。或许只有居酒屋，才是日本男人真正的流连之所。

在居酒屋里品味的并不仅仅是食物，也能体验日本饮食文化和风土人情：在这里，你会看到面红耳赤、穿着西服的白领杯觥交错时的开怀；在这里，你会看到骨子里孤独的日本人把酒独酌时的沉静；在这里，你会看到当地人借着居酒屋促膝长谈时的生活态度；在这里，你还会看到这座城市的匆匆过客，游荡、徘徊于居酒屋的红灯笼之下，编织着他们各自的故事。

在日本旅行的时候，别忘了晚上出来走走，让自己置身于绚丽的霓虹灯下，在居酒屋里品尝美酒和佳肴，体验一下日本最独特的饮食文化。

日本东京著名的居酒屋街——思い出横丁（回忆横丁）

刺身

刺身 | sashimi

居酒屋里的常见料理中，最著名的当属刺身。一口一片的鲜美鱼肉，本身就是绝佳的下酒菜，自然也是居酒屋料理中的重头戏。

在《怀石料理》一章中的“向付”部分，我们已经介绍了几种鱼肉刺身，而居酒屋和怀石料理还有所不同，相较于怀石料理中向付的拘谨和精致（一般只有几片高级鱼刺身），居酒屋中的刺身常常更加张扬和豪放，比如将刺身以具有观赏性的“姿造”（连鱼头、鱼尾一起盛上）或“活造”（略残忍的活鱼刺身）的形式呈现，并且盛放在“小船”或“龙舟”等大型器皿之中。同时豪放地区居酒屋的刺身还会切得很厚，将盘子铺得满满的，以示丰盛。除了前面几章介绍过，大家非常熟悉的金枪鱼、鲷鱼、鱿鱼、赤贝等刺身，居酒屋刺身还可能出现以下鱼种：

三文鱼

甜虾

章鱼

伊势龙虾

鰤鱼

烧鸟

焼き鳥 | yakitori

烧鸟其实烧的并不是鸟，而是鸡。香嫩可口的鸡肉烤串，是最美味的居酒屋料理之一。别看只是烤串，烧鸟料理可是十分高深，丝毫不亚于寿司和天妇罗。单是鸡的可食用部位就有非常多种，总计可做成 40 多种烧鸟串，极具品尝性和猎奇性，因此吸引着无数烧鸟爱好者。

要吃烧鸟，既可以在居酒屋中单点，也可以选择独立出来的烧鸟专门店。在日本，有 4 万多家烧鸟店（比寿司店还要多），从便宜的屋台到米其林星级烧鸟店，应有尽有。推荐的烧鸟店有：世界第一烧鸟——位于东京的托里希基（Torishiki，日文为“鳥しき”）、米其林一星的大阪烧鸟市松。这些高端烧鸟店一般为主厨推荐形式，一顿 20 串左右，人均消费需要 400~500 元人民币。别大惊小怪于“撸个串要 500 块”，一家好的烧鸟店一定会令你眼界大开，刷新你对烤串的认知。

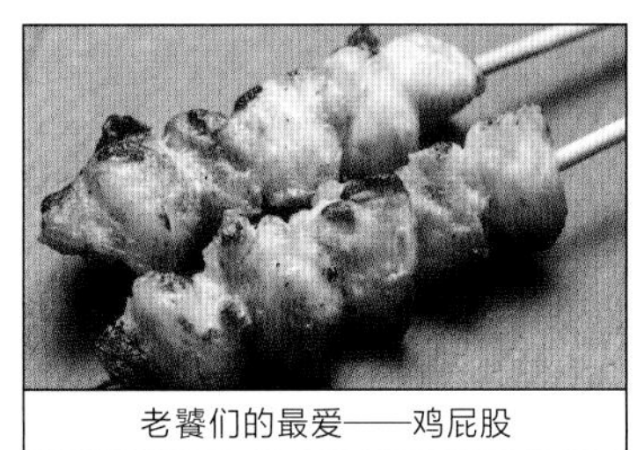

老饕们的最爱——鸡屁股

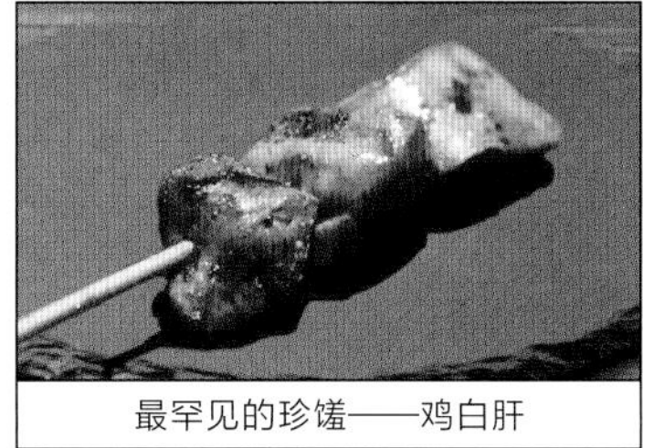

最罕见的珍馐——鸡白肝

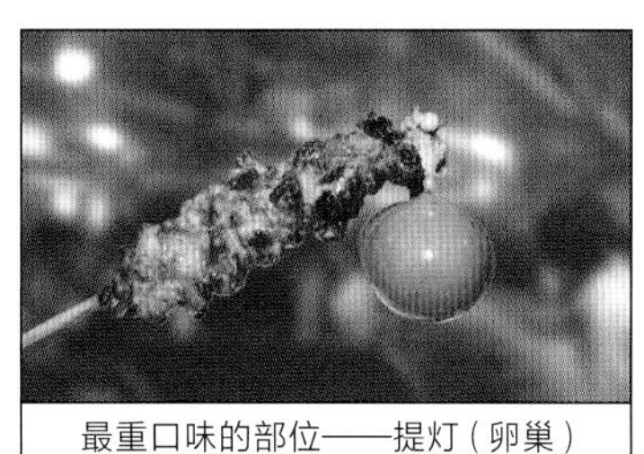

最重口味的部位——提灯（卵巢）

毛豆

枝豆 | edamame

毛豆是几乎每一个居酒屋的菜单里都会有的小菜，在日语里写作“枝豆”。毛豆最典型的料理手法为盐水煮，是便宜又美味的下酒小菜，几乎每桌客人都会点。在居酒屋里经常能见到就着一小碟毛豆和几串烧鸟，就能喝一两个小时的酒、面红耳赤的日本人。

需要注意的是，在日本的居酒屋，服务员有时会在你一入座，就将毛豆（或其他小菜）作为赠品小菜端上桌。说是赠品，其实也是收费的，价格一般在 300~500 日元，这是日本居酒屋的传统惯例，请大家知情。

烤物

焼き物 | yakimono

相较于日本高级料理喜欢将新鲜的食材生吃、凉吃，以体现食材本身的鲜美，居酒屋的料理则更爱用火，也因此更符合中国人的口味，菜单里常常能见到多油多盐、香气浓郁的烤物。

其中最常见的便是烤鱼，人气较高的有：烤青花鱼、烤金枪鱼（鱼脖、鱼尾、鱼脸）、烤秋刀鱼、烤虹鳟鱼、烤鳗鱼等。另外还有烤肉类：牛排烧烤、猪肉烧烤以及前面提到的烧鸟。各色烧海鲜也十分受欢迎：烤扇贝、烤蛤蜊、烤海螺、烤乌贼、烤红虾、烤蟹盖等。

烤沙丁鱼

炖煮物

煮物 | nimono

热菜多是居酒屋料理的一大特点，除了烧烤，炖煮的菜肴也是居酒屋中人气颇高的热菜类型。比如菜单中常见的关东煮，是绝佳的下酒好菜，热气腾腾十分适合冬天享用。另外还有炖牛肉、土豆炖肉、炖白萝卜等常见的美味煮物。

炖煮物的又一代表——火锅，也可以在居酒屋中吃到，比如寿喜烧、涮涮锅、牛杂锅等。尤其是前几章提到过的乡土锅料理，通常都会纳入当地的居酒屋菜单中。对着温暖的火锅喝几杯酒，再美妙不过。

炖牛肉

地方特色美食

居酒屋是最适合感受日本当地风土人情的地方。每到日本的一座城市，如果你想品尝一下当地的特产和名产，只要于傍晚时分，掀开暖帘进入当地人气火爆的居酒屋就可以了。

因为每个地方的居酒屋一定会不遗余力地展现最具当地特色的料理手法、食材和名产，比如在富山市的居酒屋里能吃到富山湾的炸白虾，在福冈城能吃到咸辣的辛子明太子（辣腌鳕鱼卵巢），在金泽市能吃到冰见产的肥美寒鰤，在岐阜县能吃到飞騨牛朴叶味噌，在北海道则能吃到清香扑鼻的十割（100%）荞麦面。

福冈名产：辛子明太子

居酒屋推荐

全日本一共有十几万家居酒屋，一到夜晚，灯红酒绿，热闹喧天。其实除了日本，国内也有许多居酒屋。我们平时接触最多的日本料理店，也正是居酒屋。

矶丸水产

磯丸水産

人均消费：180 元人民币

地点：日本多家分店

遍布日本各大城市、有 100 多家分店的矶丸水产，是商圈中最具人气的居酒屋。24 小时营业、新鲜的水产、几乎没有雷点的菜肴、热闹火爆的氛围以及亲民的价格，都让矶丸水产成为在日本必吃的深夜食堂，其中招牌菜为甲罗烧、烤扇贝和生鱼片等。

鸟贵族

鳥貴族

人均消费：170 元人民币

地点：日本多家分店

鸟贵族是一家源自大阪，遍布日本关西、关东等地方的烧鸟连锁名店。鸟贵族一直以价格实惠著称，不论是串烧还是小吃、饮料，一份的价格统统是 280 日元。烧鸟一共可选 30 多种不同的烧烤部位，除了烧鸟，鸟贵族也像其他居酒屋一样，还可以点毛豆、沙拉、釜饭、杂炊等。

权八

権八

人均消费：300 元人民币

地点：日本东京多家分店

权八是一家传统江户时代风格的大型居酒屋，这里曾是日本首相宴请美国总统的地方，也是明星、名流经常出入的场所，来过的国际大腕有科比、史泰龙等；昆汀 · 塔伦蒂诺的著名电影《杀死比尔》也在其西麻布分店取过景。权八氛围热闹非凡，还会有演出活动，是东京最火的居酒屋。

慢走

人均消费：200 元人民币

地点：北京市朝阳区

在京城日本料理居酒屋一条街（好运街）附近、世纪剧院的对面，有一个人迹罕至的角落，这里隐藏着一家深夜食堂——慢走。门外的冷清与室内的喧哗形成强烈对比，里面人满为患，一半是日本人，他们在这里喝酒聊天。这里的招牌菜为特制鳗鱼饭，在北京的鳗鱼饭中位列前三。

日本五大必访居酒屋街

每座日本城市都会有一条一到晚上就热闹非凡的居酒屋街。下面我们就来说说日本五座大城市中，最著名的五条居酒屋街。

先斗町

京都 · 中京区

走过京都人流最密集的商业街河源町，站在摩肩接踵的四条大桥上，就能看到无数沿着京都母亲河鸭川排布的餐厅，这里在夏季还会设有京都特色的川床料理（沿河川搭建高台而开的露天宴席）。每天都会有成千上万的日本人在这里大吃大喝，享受着京都奢靡的生活，同时无数外国游客也被吸引着探访于此。

而这些餐厅的入口，都是在这条名为“先斗町”的小路上。先斗町虽然十分狭窄,但两侧茶室、料亭和居酒屋林立，各种价位的料理都有，从高端的怀石料理、京豆腐宴，到平价鳗鱼饭、乌冬面。另外先斗町隔壁便是京都著名的酒吧一条街——木屋町通，是夜生活最兴盛的地方。深夜探访先斗町，你可能会碰见美丽的日本艺伎，出没于料亭之间。

新宿黄金街

东京 · 新宿区

东京新宿歌舞伎町的尽头，有一条小巷，名叫新宿黄金街，在这条大约 70 米长的小路上有着 280 多家餐厅和酒吧。新宿黄金街始建于 20 世纪 50 年代，是各色文人墨客经常聚集的地方，现在也是日本的年轻人常来光顾的美食街。这里的特点是，酒吧面积非常小，具有浓浓的昭和历史感。

北新地

大阪 · 北区

大阪餐饮业非常兴盛的地方，除了国人最为熟知的心斋桥和道顿堀，其实在大阪的北区，还有一个更加繁荣的地方，那便是西日本最知名的娱乐区——北新地。这才是大阪最为繁华的饮食街，这里高级料亭云集，小酒馆遍布，一到晚上热闹非凡，绝对是夜游大阪的必访之地。

中洲

福冈 · 博多区

福冈市中洲岛的地理形态就如同大阪的中之岛和法国巴黎的西堤岛一般，既位于市中心繁华兴旺之地，同时又因两河相隔而与城市孤立开来。它被誉为“九州歌舞伎町”，拥有约 3 500 家餐饮店，是九州最大的美食圣地。其中一兰拉面总本店就在中洲岛上；中洲岛南部正对博多运河城（大型商业中心）的则是中洲屋台横丁，其路边摊非常有特色。

薄野

札幌 · 中央区

薄野被认为是北日本最大的美食街区，同时也是北海道札幌市的观光胜地。这里有着无数北海道的美食名店，比如成吉思汗烤肉店达摩、蟹本家、蟹将军都在这里。晚上的薄野灯火通明，绝对是热闹非凡的不夜城。薄野并无明确的某条街，从南四条到南六条，西二丁目到西六丁目，也就是薄野车站周围，都被视为薄野的区域。

第十章

ちょうしょく | chōshoku

和风朝食

朝 [zhāo] 食是早餐的意思。在日本的早餐厅吃饭时，菜单上通常分为两种：洋风、和风。所谓洋风朝食就是西式风格的早餐：咖啡、橙汁、蔬菜沙拉、三明治和牛角面包等。而这一章，主要为大家介绍的是和风朝食。

洋风朝食（西式早餐）

行走在日本，总能给我很美好的感受，而这种美好与舒适，从每天一早的早餐开始。日本酒店里的早餐虽贵（100~200 元人民币），但绝对是物有所值。如果住的是日式温泉旅店或豪华五星级饭店，那么早餐的丰盛和精致程度一定会更让你感到震惊，堪比高级怀石料亭卖的午市便当。

日式早餐非常与众不同，我极力推荐大家在日本旅行期间，品尝这极具特色的和风朝食。为什么说与众不同呢？首先，是日本人爱米之深，爱到从早餐开始就要有白米饭。其次，日本人爱吃鱼，平时我们在国内大多只会在晚上才去吃的烤鱼，日本的早餐里就有。更重要的是，日本人讲究营养搭配，早餐的食材非常丰盛、全面，有的高级早餐甚至包含数十种食材，各种小菜盛放在如同精致百宝箱的器皿中，逐级展开，让人大为满足。

朝食的历史

和风朝食的“定番”（固定搭配）为米饭、渍菜、味噌汤、鸡蛋、烤鱼、纳豆和海苔。每一份的分量并不大，却种类繁多，营养均衡，且不油腻。日本人这样的健康早餐形式，其实历史已经相当悠久。

南高梅配米饭

早在日本平安时代（794 年—1185 年，相当于中国唐宋时期），日本人的早餐就已经十分丰盛，包括米饭、烤鱼、菌菇和水果，与现在几乎无异。

到了江户时代（1603 年—1868 年，相当于中国明末至清朝末期），日本社会稳定，物质丰富，早餐则更加丰盛，味噌汤、点缀一颗南高梅的米饭已经成为早餐中的常见搭配。

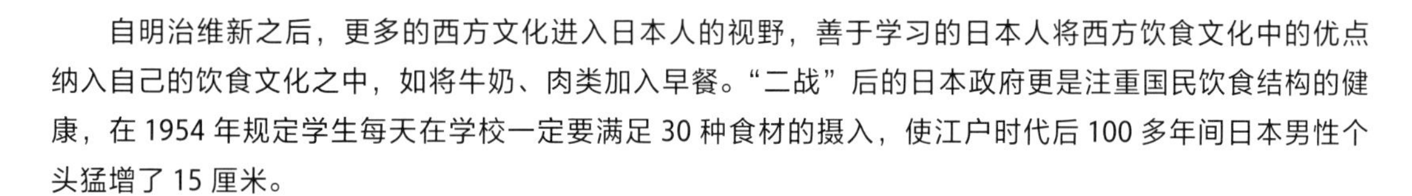

自明治维新之后，更多的西方文化进入日本人的视野，善于学习的日本人将西方饮食文化中的优点纳入自己的饮食文化之中，如将牛奶、肉类加入早餐。“二战”后的日本政府更是注重国民饮食结构的健康，在 1954 年规定学生每天在学校一定要满足 30 种食材的摄入，使江户时代后 100 多年间日本男性个头猛增了 15 厘米。

相比之下，中国的早餐确实“随便”了一些，重视早餐的日本值得我们学习。

朝食的构成

和食是世界上最健康的饮食之一，以“一汁三菜”为原型的日式早餐更是讲究食材丰富和营养均衡。下面我们就来看一看健康丰盛的和风朝食是怎样构成的。

纳豆

纳豆恐怕是我初次去日本旅行时接触到的最奇葩的食物，黏黏糊糊，用筷子能拉出丝来。纳豆是由蒸煮后的黄豆发酵得来，以茨城县产的水户纳豆最出名。

配菜

日本人非常看重食材多样性，用小钵盛放的配菜虽然量少，可至少要有1~2道。若是豪华早餐，那么配菜非常可能是八寸形式，其中包含五颜六色的各种富含维生素的小菜。

米饭

米饭的主食地位在日本是绝对无法撼动的。日式早餐的主食通常是一碗白米饭，就着渍菜或是一颗南高梅，你就能吃得很香。

烤鱼

烤鱼是日式早餐中必备的荤菜，补充白天所需的蛋白质和脂肪，常见青花鱼、三文鱼和鳕鱼等。大阪甚至还出台了一条“凡是早餐套餐，必须有鱼”的规定。

渍物

渍物即腌渍的小咸菜。渍物是让米饭更美味的必要搭配，通常由黄瓜、白萝卜和小银鱼等制成，咸香可口。

味噌汤

作为“一汁三菜”里的一汁，汤是和食中不可或缺的一道。早晨一碗温暖浓郁的味噌汤，能够为一整天的活动提神醒脑。汤里的海带和豆腐更是丰富了整餐的盐分和营养。

朝食餐厅推荐

睡眼惺忪的清晨，自然是在酒店里享用早餐最方便、最舒适。不过除了酒店或旅馆的自带早餐，还有一些早餐专门店可供选择。另外日本绝大多数连锁店（如吉野家、食其家）和一些咖啡厅，也会提供和风朝食，价格便宜还非常丰盛，让人吃完后一整天都精力充沛。

瓢亭别馆

瓢亭 別館

人均消费：280 元人民币

地点：日本京都

古朴的京都除了瓢亭其实还有许多不错的和风朝食店铺，但只有这家最负盛名，还曾荣获米其林三星。后面的“朝食食记”部分，我会为大家详细介绍这家传奇名店。

Hitoshinaya

ヒトシナヤ

人均消费：100 元人民币

地点：日本东京羽田机场

位于羽田机场国内线的 T1 航站楼，于早晨 5：30 就开业的 hitoshinaya 绝对是“红眼航班”起飞前和到达后的最佳选择。早餐有白粥、鲑膳和肉膳等 3 种套餐，价格在 1 000~1 400 日元。

洞爷湖温莎酒店

The Windsor Hotel Toya Resort & Spa

人均消费：250 元人民币

地点：日本北海道洞爷湖

恐怕只有日本人才会对早餐这样费尽心思，将它做得如此极致。单看一纸早餐菜名和产地就知道不同凡响：伊达产的纳豆、栃木农场的“帆森好”鸡蛋、纪州南高梅、和歌山县奥熊野山上采的蜂蜜、农家白鸟先生（第十七代传人）做的山葵渍、用羊蹄山伏流水在土釜中蒸煮的极上米、洞爷湖虻田产的淡雪盐、北海道大豆做的豆腐、伊达米做的白味噌、札幌市场上最新鲜的鱼。北海道第一酒店洞爷湖温莎酒店，它的早餐真的丰盛到“无所不用其极”。

加贺屋

和倉温泉 加賀屋

人均消费：住宿包含

地点：日本石川县七尾市

不少温泉酒店的早餐是自助餐，我并不喜欢。而被誉为“日本第一温泉旅馆”的加贺屋则不同，早餐一人一份，菜式丰富到了极致，菜单设计也十分精妙，一大早由美丽的女将端上客室的桌上。光是燃着火的锅具就有两个，一口是野菜煲，另一口是煎鱼，更别说小菜了，多达 10 余种。

朝食食记

瓢亭 | 400 余年历史的米其林三星早餐餐厅

地点：日本京都　用时：1 小时
人均消费 280 元人民币

全世界有不少米其林三星餐厅，但唯有京都的瓢亭以早餐闻名。

400 多年前，瓢亭曾是为拜访南禅寺的行人过客提供茶水与和果子的小茶屋，天保年间（1837 年），瓢亭挂上暖帘，由茶亭变料亭，开始提供京怀石料理。这座茅草顶小茶屋历经 400 多年一直保存至今，现在作为瓢亭本馆，仍然接待着世界各地前来品尝和朝圣的客人们。瓢亭在许多日本人的心目中，是京料理的典范。

瓢亭历史悠久，名声显赫，早已闻名全日本，是许多名士大家的常去之地。绘于 1864 年的《花洛名胜图会》中，瓢亭就作为重要地标出现；著名导演小津安二郎在 1949 年拍摄的电影《晚春》的对话中出现了瓢亭；被 7 次提名诺贝尔文学奖的日本大文豪谷崎润一郎，在其唯美小说《细雪》中也曾提到瓢亭的名字。

瓢亭早餐中最著名的菜肴自然就是那颗闻名天下的“瓢亭玉子”，即半熟鸡蛋。趁秋天，我来到京都，踏着红叶和银杏，便来品尝一番。

早餐是在瓢亭别馆（距本馆大约 20 米），通常在 8：00~11：00 供应，4 500 日元一位，其丰盛程度堪比许多餐厅午市套餐的分量，建议前来享用瓢亭早餐之前做些运动，醒醒胃口。

走过风景秀丽的庆流桥，清风吹拂着地上红色的树叶，桥下流水潺潺，树上鸟鸣啾啾。又经过一个庭院别致的“无邻庵”，我这才到了这有着 400 余年历史的传统古朴建筑。

临窗坐下，大堂座位不少，可供许多人用餐，窗外可看到富有禅意的日式庭院。

大福茶

梅子昆布茶

在我入座后，女将端来小茶杯，杯具古朴典雅，上面用小木盖盖着，打开后里面是梅子昆布茶，酸味扑鼻，喝在嘴里酸味很重，一瞬间打开味蕾。

八寸

半熟鸡蛋、鱼豆腐、红薯、鲷寿司

接着女将端来了一个古朴典雅的盘子，上面盛放着多种小菜，其中最引人注目的便是瓢亭的招牌——瓢亭半熟蛋。值得一提的是，在瓢亭本馆怀石料理的八寸中，也有一颗半熟鸡蛋。柔润的溏心蛋一切为二，细腻柔软，与鸡蛋同一盘的小菜有鱼豆腐、极甜极糯的红薯和鲷寿司。

吹弹可破的鲜嫩鸡蛋，生熟均匀，主厨若不经无数次经验的积累，的确无法做得如此精细。蛋黄呈极艳的橘色，上面已经预先滴好了酱油，吃起来香郁软糯。

如果囫囵吞枣地两大口吃掉这枚鸡蛋，你可能会感觉它并无特别之处，毕竟鸡蛋还是鸡蛋，也无法吃出其他奇异的味道。米其林三星餐厅不是因为一颗鸡蛋才评上的，文人墨客也不是因为在家吃不到溏心蛋才来到这里。瓢亭的意义在于，将简单的食材做到完美，将简单的早餐做到极致。想要在一个优雅的环境中享用如此高级、精致的早餐，瓢亭定不会让你失望。

葫芦三段钵

京野菜、蒸鰆鱼、豆腐萝卜

八寸的旁边还有一个葫芦形陶器，分为三段，每一段都异常丰富，各有特色。

第一段（最上层）是腌渍过的京野菜，用醋汁凉拌，清脆爽口，鲜嫩多汁。

第二段（中间层）为蒸的鰆鱼（马鲛鱼），配菜为萝卜泥和海蕴（又叫水云，是一种柔软黏滑的海藻）。

第三段（最底层）为豆制品，有豆腐、豆麸以及萝卜。

除此之外，还有一碗豆腐海苔汤，碗为工艺精良的漆器，色泽美丽。碗内豆腐细腻之极，堪比奥丹豆腐老店的汤豆腐。

早粥

白粥、渍物和酱汁

刚吃完一盘，女将恰到时机地撤了盘，端上了瓢亭另一大招牌名物——早粥。

硕大的粥盆，用木盖板盖住。里面的白粥米粒颗粒硕大，粒粒饱满，颗粒分明，又与水融在一起，浑然一体，极为浓稠。另外，别忘了在吃粥的时候淋上酱汁。

这一碗酱汁可是来头不小，千万不能小瞧它：由瓢亭独创的鲔节出汁（将金枪鱼做成的木鱼花熬成高汤），佐以利尻昆布（北海道产的顶级昆布品种之一），再用吉野葛粉（奈良产的品质最优的葛根粉）调制，终于形成这顺滑、香醇的酱汁。

浇上这一碗秘制、独到的酱汁，清淡的白粥一下就有了鲜香的味道，配着腌菜（黄瓜、小银鱼），喝一口满嘴米香。

在瓢亭用餐犹如进入古老、幽静的茶室，处处是几百年精雕细琢的细节。结账的路上，我不经意间路过一个恬静美丽的庭院，仿佛瞬间穿越回旧时的京都，耳边似乎回荡着南禅寺僧人敲打木鱼的空灵声音。

第十一章

乡土料理

きょうどりょうり ｜ kyōdoryōri

何谓乡土料理？

九州熊本的马肉刺身

除了我们常见的寿司、天妇罗、怀石料理等正统美食，在日本每一个县、每一个市还有着各种各样独特的乡土料理。乡土料理未必只存在于“乡”下，在一些大城市（比如东京、大阪、京都）也会有属于它们的“乡土料理”。同时乡土料理也未必很“土”，比如属于长崎县的乡土料理——卓袱料理，其实是一种仪式感很强的高级菜式。

那么如何定义一款食物是不是当地的乡土料理呢？

首先，乡土料理应活用当地的名特产。比如每年北海道的石狩川和十胜川上都有大量逆流而上的三文鱼，于是三文鱼料理自然而然就是当地特色食材；再如下关市盛产河豚，在明治时期日本禁食河豚期间只有下关市不禁，而在日本其他地方吃不到，河豚料理自然就成了那里的乡土料理。

其次，要沿用当地的特色料理文化。就算活用了当地食材，但如果料理手法不够当地，那么也不能算作乡土料理，比如将四国地方爱媛县盛产的鲷鱼，用大阪烧的形式做出来，便不能算是地道的乡土料理。而高知县的稻火烧鲣鱼，那里的人民自古便这样做鱼，非常符合当地料理文化。

最后，要经过历史的沉淀，到现在依然作为当地的饮食文化传承下来。光是有食谱，但现代人已经不吃了也不行。年轻如“二战”后才兴起的冲绳荞麦，现在已经成为当地人民日常生活中必不可少的美食，也可称得上是地道的乡土料理。

德岛县三好市祖谷的乡土料理——木偶串烧

成吉思汗烤肉

北海道地方 · 札幌市

成吉思汗烤肉，即羊肉烧烤料理，堪称北海道最具代表性的乡土料理。虽然此料理以成吉思汗为名，但实际上与成吉思汗并无直接关系。北海道的成吉思汗烤羊肉用的是当地肉质细腻柔嫩的羊肉，其最大的特点是毫无腥膻味，但也因此缺少浓郁的滋味。配菜多为甜脆多汁的洋葱。

推荐的店铺为札幌市最出名、总是大排长龙的达摩成吉思汗烤肉店。

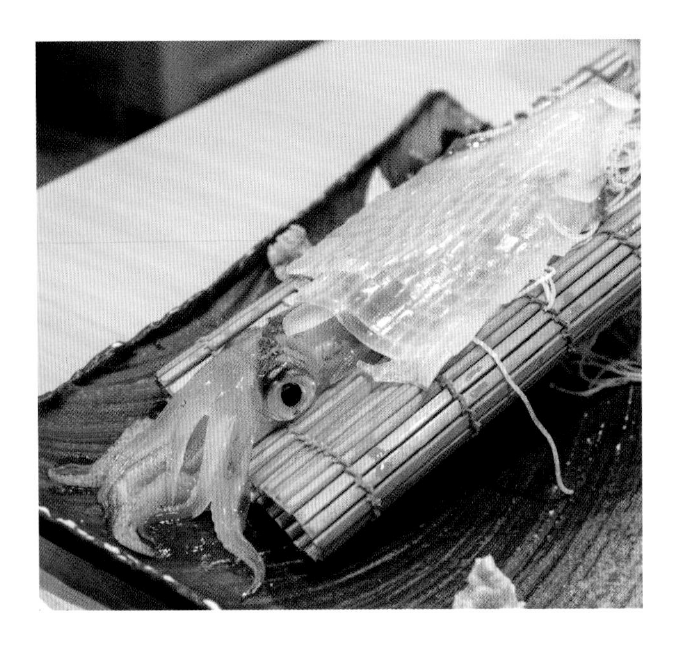

活鱿鱼刺身

北海道地方 · 函馆市

北海道道南的大城市函馆以盛产海鲜著称，除了金枪鱼和海胆，鱿鱼也是这座城市的名产之一。活鱿鱼刺身则是这里最兴盛的料理，在函馆主要街道的霓虹灯下，各个居酒屋的门口，都摆有当日捕捉的活鱿鱼以招揽生意。把鲜活的鱿鱼做成刺身，看起来略有些残忍，摆在桌上时它的触角可能还在动、表面还在变色。但不得不说，它那鲜美的味道和纤嫩细腻的口感，让人无法抗拒。

烤牛舌

东北地方 · 仙台市

日本东北地方虽是中国旅行者最少去的地区，但稍熟悉日本的朋友一定会知道那里有一大特产，那便是仙台牛舌。仙台牛舌源于“二战”后美军进驻日本时在这里留下大量牛肉的“边角废料”，仙台的日本厨师们便利用这些残余牛肉，发明出了牛舌烧烤和牛尾汤。

仙台的烤牛舌吃起来很有嚼劲，伴着米饭和味噌汤吃起来颇为美味。

关东煮

关东地方 · 东京都

提到日本关东地方就不得不说关东煮，它已经成为世界各地 7-Eleven、全家、罗森等便利店里最具人气的小吃。食材包括鸡蛋、白萝卜、海带结、鱼丸、魔芋丝等，将它们放于昆布、鲣节汤里煮。由于制作简单,关东煮常见于便利店、屋台和日本家庭中。

关东煮于日本江户时代便已经流行起来，除了在东京可以品尝到地道的关东煮，北陆地方城市金泽的关东煮也十分出名。

鳗鱼饭三吃

中部地方 · 名古屋市

日本中部大城市名古屋最出名的料理当属“鳗鱼三吃”。名古屋的鳗鱼饭采用现杀活鳗，将鳗鱼蒲烧，烤至表皮硬脆，甚至略有焦糊（与关东地方喜欢的软烂口感有所不同）。另外名古屋鳗鱼饭最大的特色在于吃法，所谓“鳗鱼三吃”，即：第一吃原味鳗鱼拌米饭，第二吃加入葱花、海苔、芥末等佐料的鳗鱼饭，第三吃鳗鱼茶泡饭。

推荐店为蓬莱轩、丸屋。

片木盒荞麦面

中部地方 · 新潟县

片木盒荞麦面以其盛装的木质漆盒而得名，是日本农业大县新潟县的美食代表。新潟县鱼沼地区除了盛产日本著名的越光大米，还是日本麻织品的主要产地，而制造麻织品不可或缺的一种原料——布海苔，也被用于制作这里的荞麦面。因此片木盒荞麦面呈绿色，口感既爽滑又筋道。

推荐的店铺有越后十日町小岛屋、长冈小岛屋。

金泽咖喱饭

中部地方 · 金泽市

很难想象盛产海鲜的日本北陆地方大城市金泽，竟然以西式咖喱饭为其代表美食。这座号称“小京都”的美丽城市有着众多咖喱饭店铺，其中不乏需要常年排长队的人气小店。与其他地方的咖喱饭相比，金泽咖喱饭的酱汁更加浓稠厚重，配上香脆的炸猪排和卷心菜丝，确实是一番美味。

推荐店铺有：Go Go（ゴーゴーカレ）、SPICEBOX（スパイスボックス）。

富士宫炒面

中部地方 · 富士宫市

炒面是日本富士山脚下富士宫地区的特色美食。富士宫炒面使用独创的蒸面，面条筋道且有弹性。不仅如此，它还使用从富士山涌出的泉水制面，面中加入猪肉、鸡蛋、洋葱、卷心菜等多种食材，最后再撒上沙丁鱼粉末。

别看富士宫炒面其貌不扬，它可曾获日本“B级美食”（大众美食）冠军。当地有近150家炒面店，在游览富士山之余不妨一试。

大阪烧

关西地方 · 大阪府

大阪烧又叫什锦烧，或御好烧，指的是“根据自己的喜好烧出”的煎饼，它是日式铁板烧的特色美食。由于以大阪为代表的关西风格御好烧最为出名，所以被中国人称为大阪烧。

其制作方法是在小麦粉浆的基础上，加入面条、蔬菜、鱼类、肉类、贝类等，在铁板上烧烤成煎饼，最后在上面淋上酱汁，撒上调味料（鲣节花等）。

牡蛎

中国地方 · 广岛县

一提到广岛美食，恐怕很多人的第一反应就是牡蛎。被众多岛屿环绕，且有 6 条河流汇入的广岛湾，海水中营养极为丰富，培育出了极为丰盈且味道鲜美的鱼类和贝类，其中就包括美味得令人难以置信的广岛牡蛎。

广岛牡蛎的养殖历史长达近 500 年，全日本 60% 的牡蛎都产自广岛。最好的牡蛎食用季节为冬季（11 月 ~ 次年 2 月），推荐店铺为严岛神社附近的人气名店——牡蛎屋。

下关河豚

中国地方 · 山口县

河豚是日本极具特色的鱼类料理。河豚的血液和内脏有剧毒，必须是持有特殊执照的专业厨师才能做河豚料理。河豚肉质弹嫩，味道鲜美，是人们就算冒着生命危险也要品尝的珍馐。

日本明治时代曾有一段时间施行河豚“禁食令”，仅在山口县开放河豚食用。如今的山口县下关市，已成为“河豚圣地”，而下关市内的南风泊市场，则是第一河豚市场。

鲷鱼饭

四国地方 · 爱媛县

日本四国地方爱媛县有三大名物，第一是今治的毛巾，第二是薄皮多汁的橘子，第三则是濑户内海的鲷鱼。爱媛县是日本鲷鱼产量最大的县，因此这里的鲷鱼饭成为一绝。

爱媛县的鲷鱼饭有两种做法，一种是松山式（将整条鲷鱼铺在土釜中和米饭一起蒸熟），另一种是宇和岛式（用鲷鱼刺身和无菌生鸡蛋，浇入调味汁与白米饭拌在一起），前者香熟，后者鲜滑，各有特色。

炙烧鲣鱼

四国地方 · 高知县

四国地方被濑户内海和太平洋环绕，水产极为丰富。该区域包括 4 个县——香川、德岛、爱媛和高知，其中面对太平洋的高知县，盛产鲣鱼。每年春季，鲣鱼随暖流北上，当地渔民沿用具有大约 400 年历史的传统捕鱼法“一本钓”（用鱼饵引诱鱼群，然后用鱼竿一条一条地将鱼钓起，相较于拖网捕捞，这种传统捕鱼法不会伤及鱼身）捕获鲣鱼。

高知县的鲣鱼不做刺身，而是用稻草猛火烧烤，将表面烤至焦糊，即所谓的“半烤鲣鱼”。

卓袱料理

九州地方 · 长崎市

位于九州地方西侧的长崎是日本最有中国味的城市，自古便与中国通商往来。这里 1 000 余年来是旅居日本的华人的聚居地，春节时人们张灯结彩举办“长崎灯会”，当地的特色美食是角煮（东坡肉）、强棒面和卓袱料理。卓袱料理是将中国菜肴的做法与本地食材、特产结合起来形成的一种高级料理形式，与日式怀石料理并列。菜肴不是一道一道上，而是以中国式的上菜方式一股脑儿摆满桌，以显热闹气氛。

马肉料理

九州地方 · 熊本县

说起熊本的特色美食，相信许多人会感到不可思议，居然是马肉！吃马肉的传统源于日本战国时期熊本城城主加藤清正军粮短缺，只得吃战马充饥，后来熊本开始养殖食用马，马肉料理于是成了当地极受欢迎的乡土料理。马肉因呈粉红色，似樱花，故又称作“樱肉”。

马肉料理名店有菅乃屋、马料理天国，前者风格为西式连锁店的卡座，后者为日式料亭的榻榻米，各有特色，我更推荐后者。

冲绳荞麦面

九州地方 · 冲绳县

虽说也叫荞麦面，可地处太平洋小岛冲绳的荞麦面并不使用荞麦粉，实际上它更像是拉面。冲绳荞麦面的最大特色，就是铺在面上软烂香浓的猪排骨或猪软骨，汤底为豚骨和鲣节熬制的高汤，鲜香之极。

冲绳荞麦面为什么好吃？因为冲绳的猪肉非常优质，别忘了冲绳阿古猪可是世界公认的三大名猪之一（另外两大名猪为中国金华猪和西班牙伊比利亚猪）。

乡土料理食记

马樱 | 震后初尝熊本马肉料理

地点：日本熊本　用时：1 小时
人均消费 480 元人民币

刚刚地震完（2016 年 4 月熊本大地震）的熊本，百废待兴，连熊本城也坍塌了一半，拉上了警戒线不再对外开放。城橹屋瓦埋没于石垣巨砾之中，远远望去碎石满地，令人唏嘘不已。一路走回来，我看见到处是断壁残垣，木屋民宅的玻璃多半已破裂，高楼大厦上也都留下了深深的裂缝。熊本人民已经支起了脚手架，重新忙碌起来，开始复兴作业。两位白发苍苍的老奶奶看到我是背着包的游客，便站了起来，在自己家的阳台上向我不断挥手，并语重心长地说道："请君多加保重。"

走到繁华的商业步行街银座通，这里依然生意红火，路过著名的马肉料理连锁店马樱，我便打算进去一尝。这是一家在 tabelog 榜单上熊本市排名前三的马肉料理专门店，形式类似居酒屋。

经过窄窄的小楼梯爬上二层，里面人并不多，只有零星几桌穿着西服的年轻白领在喝啤酒，看来生意仍受到了地震的影响。

套餐可选涮涮锅、樱锅、寿喜烧以及烧烤 4 种形式。每种套餐都很丰盛，不仅仅是一口锅或一盘烤肉而已，还包括刺身、寿司、沙拉、煮马肉等小菜。当然价格也不便宜，吃一顿马肉料理的价格堪比 A5 级和牛了。

我点了一份 6 800 日元的特选马烤肉套餐。

特选马烤肉套餐

6 800 日元

首先上来的是丰盛的前菜，包括马肉刺身、煮马肉、马肉沙拉等，可谓之“马八寸”。

左上角红彤彤的一盘是马肉刺身。刺身包括 4 种肉，白色的马脖子肉，非常韧，嚼劲十足。红色的赤身是马肉最瘦的部位。边上有一条白边的是马肩肉，肥瘦结合。有霜降纹理的是上等马肉刺身。其实马肉刺身吃起来并无特别的怪味，不腥，口感软滑，十分有趣。

中间的碗盛放的是一品料理马肉萝卜煮，非常软烂，很入味，很像国内红焖牛肉的做法。

右上角为芥末莲藕，是熊本当地的特色美食，在莲藕的孔中塞入黄芥末酱，沾上面衣入油轻炸而成。

右下角为马肉火腿沙拉，和意大利火腿类似，咸香十足，蔬菜非常新鲜爽口。

接下来是一盘炸马里脊卷，马肉外面包着薄薄的面衣，三分熟，入口软烂、香郁。

终于到了烤肉部分，有肥瘦不等的 4 种马肉，先放白色的马油，烤出油脂，再放马肉将其烤到五分熟就可以吃了。

若说味道和口感的话，马肉和牛肉其实很像，我并没吃出太大差异。

最后是主食，可选马肉寿司或御饭。我推荐御饭，用马肉碎末拌米饭，搭配温泉蛋和芜菁泥，软滑香稠。

第十二章

和果子

わがし | wagashi

认识和果子

在日本大型百货商场（如三越、大丸、高岛屋之类）的地下一层，我们常常会被琳琅满目、美轮美奂的日式点心吸引。这些日式点心的名字叫作“和果子”。

和果子中的“和”指的是日本，“果子”指的是点心。因此所谓和果子，指的是日本的传统点心，与之相对的则为“洋果子”，如西式点心和蛋糕等。和果子与洋果子的关系就像日语中和室与洋室、和食与洋食、和服与洋服等对应词汇一般。

和果子的原型起源于中国唐朝的唐果子，于奈良时代经遣唐使传入日本。那时日本学习中国，用砂糖、米、糯米和小麦粉等食材制作糕点。最初这些点心的用途大多为祭祀用的祭品，直到镰仓时代，从宋代学法归来的日本僧人在中国时学到了喝茶、吃点心的习俗，于是羊羹、麻糬（日式糯米饼）开始发扬光大，成为喝茶时的茶点。随着日本战国时代茶道的兴起，和果子便更加流行于贵族阶层，成为日本茶道的一部分。到江户时代，原本贵重的砂糖因大量进口而变得价格低廉，加之制糖技术普及，各地的和果子也蓬勃发展起来，出现了东京的“江户果子”、京都的“京果子”等，从此和果子成为平民老百姓也吃得起的甜品，江户时代的和果子则成为现代和果子的雏形。

日本和果子非常讲究“旬”，不仅外观要极力表现出季节感，如冬季的松枝、春季的樱花。在口味上也力求做到与季节同步，如春天生机蓬勃的绿草气息、秋天浓郁厚重的秋栗香甜。

与洋果子相比，和果子更加内敛和朴实，它总是作为茶道中辅佐茶出现的搭配点心，其目的是辅佐茶的茶香。

相比洋果子追求创意的绚丽外观和浓郁的味道，和果子更加追求精神层面的禅宗意境。茶道的精神是和敬清寂，和果子也因此有一种深藏不露的使命感，它不仅代表朴素的传统配方和厨师诚挚的心意，更代表茶道精神。品尝和果子讲究的是“一期一会”——你我一辈子可能只有一次机会一起喝这一次茶，应当格外珍重，心心相印，无须喧宾夺主的色彩，也无须刺激喉咙的口味，伴着茶和点心，坐在一起，静静品味这一下午的阳光，一切足矣。

洋果子

VS

和果子

和果子低调，在初次见到那些和果子店的镇店之宝时，我都会惊讶于其朴素的外表：虎屋的羊羹、川端道喜的粽子、鹤屋吉信的柚饼，每一个都其貌不扬，丝毫没有惊世骇俗的外表。可别看和果子外表朴质无华，日本人在注重品质的道路上一向不遗余力。和果子通常选用最优质的食材，常见的有京都丹波的大纳言红豆、奄美大岛的黑糖、德岛的和三盆糖等。

按照含水量，和果子可以分成 3 种类型：生果子、半生果子和干果子。如果要从日本带回和果子作为礼物送给亲朋好友，一定要注意其赏味期限，生果子的保质期通常仅为 15 天，而现做的生果子有时甚至仅限当天食用。

生果子

含水量 30% 以上

绝大多数和果子都属于生果子，通常要在第一时间食用才能感受到其新鲜风味。

半生果子

含水量 10%~30%

最中

半生果子常常为外皮较干又有内馅的和果子。如最中、洲浜、石衣等。

干果子

含水量 10% 以下

落雁

不含内馅的和果子是干果子，通常完全由糖类、面粉制成。如煎饼、落雁、金平糖等。

和果子图鉴

和果子形形色色，品种多种多样，下面为大家简单介绍 36 款在日本常见的和果子。

羊羹

羊羹 | yōkan

羊羹是日本非常著名的点心。由古代中国传入日本，当初以羊肉煮成羹，冷却成冻以佐餐，传入日本后演化为以红豆为原料的果冻型茶点，质地紧实，味道甜美。

蕨饼

わらび餅 | warabimochi

软糯清新的蕨饼是京都一大名点。它是蕨粉（从蕨菜根茎中提取的淀粉）加糖熬煮成的透明糕点，由于外表裹着极为细密的黄豆粉，吃的时候要注意小心吸气。

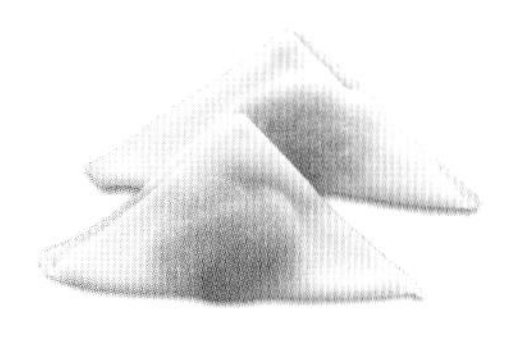

八桥

八ツ橋 | yatsuhashi

八桥是日本京都具有代表性的和果子。这个三角形的小甜点因形状酷似日本三河（现爱知县）的八桥而得名。外皮为米饼，内馅为红豆馅。饼皮常有药香味。

大福

大福 | daifuku

大福即糯米团子，因外形较大，旧时叫作“大腹饼”，后来使用其谐音大福。外皮由糯米制成，内馅常为红豆沙，另外还有水果或抹茶馅的大福。

馒头

饅頭 | manjū

虽然也叫馒头，但和中国的不一样，日本的馒头是有馅的。典型的日式馒头为面粉制成的外皮，包入红豆等内馅而成。

善哉

善哉 | zenzai

为何用佛教用语“善哉”来称呼红豆年糕粥呢？这源于 600 多年前一休大师喝过之后，觉得好，说了一声“善哉”。日本善哉味道非常甜。

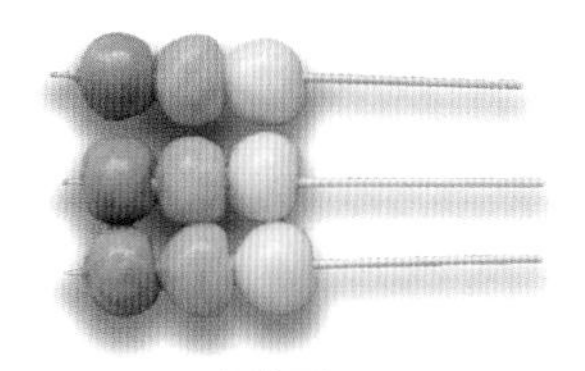

团子

团子 | dango

团子是各种日本节日里常见的和果子。春季吃红、绿、白三色的花见团子，三色分别代表樱花、自然和人。秋天吃白色的月见团子，象征圆月。

落雁

落雁 | rakugan

落雁是一种干果子。它是由米粉和砂糖压入模具中制成的甜点，因此可以做出各种美丽精致的造型。“落雁”这美丽的名字，源自中国明代小吃软落甘。

寿甘

すあま | suama

寿甘是日本举办一些庆祝仪式时吃的点心。它由米粉和糖制成，染成红色以增添喜庆的气氛。口感 Q 弹软糯，味道微甜。

蜂蜜蛋糕

カステラ | kasutera

蜂蜜蛋糕又叫长崎蛋糕，是日本长崎县的特色甜点，15 世纪时由葡萄牙传教士传入日本。它由面粉、蜂蜜和鸡蛋烤制而成，吃起来香甜可口。

铜锣烧

どら焼き | dorayaki

因外形像打击乐器铜锣而得名。由两片圆形的蜂蜜面包片，中间夹入红豆馅料制作而成，这可是哆啦 A 梦最爱的点心。

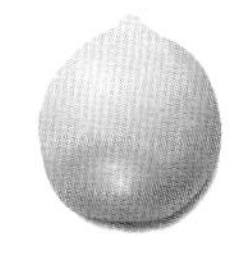

石衣 / 松露

石衣 | ishigoromo

石衣是日本半生果子中的代表。它为豆沙馅与糖饴搅拌成团子状并用白衣包裹而成的日式甜点。石衣在日本关西地方叫作“松露”。

煎饼 / 仙贝

煎餅 | senbei

日式煎饼和中国煎饼很不同，日式煎饼也叫仙贝（音译），由粳米制成，口感硬脆，味道鲜甜。属于烤果子的一种，含水量极少，是典型的干果子。

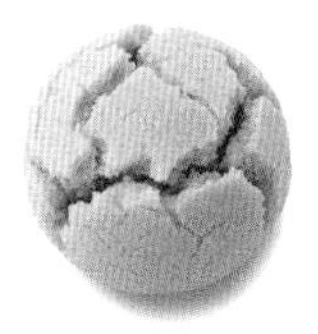

黄身时雨

黄身しぐれ | kimishigure

加入蛋黄的外皮，里面包着红豆馅，经蒸而成，蒸后黄色外皮形成自然裂痕。味道清新，有蛋黄香味，混和着豆沙绵甜，十分细腻、美味。

鲷鱼烧

たい焼き | taiyaki

鲷鱼烧是日式甜点中干果子的代表。它源于日本东京，以面粉、糖、小苏打等为原料，里面包入红豆馅，用模具烤制成鲷鱼形状。

金平糖

金平糖 | konpeitō

金平糖又称花糖、星星糖，是 15 世纪由葡萄牙传教士传入日本的甜点。它由糯米粉和糖制成五颜六色带有小凸起的糖粒，有各种口味。

花瓣饼

花びら餅 | hanabiramochi

花瓣饼也叫菱葩饼，是日本新年时常见的点心。它将糯米年糕对折后形成半圆形，里面有白味噌馅和一根牛蒡。口感柔软，味道微甜。

椿饼

椿餅 | tsubakimochi

椿饼是立春时节吃的和果子，因上下两片椿（山茶）叶装饰而得名。叶子中间夹着道明寺糯米团（由道明寺粉和糯米制成），里面包着豆沙馅。

莺饼

鶯餅 | uguisumochi

这个嫩绿色的点心是莺饼，1580年时由丰臣秀吉命名。它通过在米粉团中包入红豆沙馅，并在上面撒上黄莺粉（绿豆粉）而制成。

草饼

草餅 | kusamochi

草饼又叫草麻糬（闽南语对日语 mochi 的音译），是一种内馅为豆沙的软糯日式饼。饼皮由米粉和艾草叶做成，所以呈绿色。

樱饼

桜餅 | sakuramochi

樱饼是樱花盛开的春季常吃的和果子。粉红色的糯米外皮包上豆沙馅，外面还裹上樱树叶的“外衣”，非常喜人。

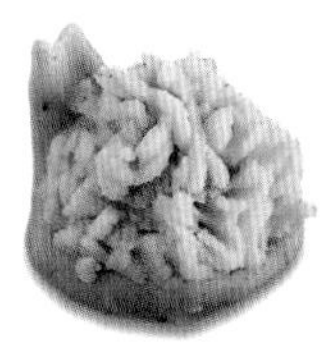

引千切

引千切 | hichigiri

引千切是京都女儿节（雏祭）的特别点心。外形如碎丝，因以前日本宫中为了节省制作圆饼的工序，改用“碎丝”形状，由此而成这种和果子。

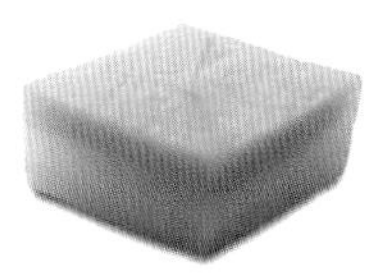

菱饼

菱餅 | hishimochi

菱饼是日本3月桃花节时常吃的和果子，由红、白、绿三色年糕制成。红色象征桃花，表示健康；白色象征残雪，代表清净；绿色寓意初春的生机。

葛烧

葛焼き | kuzuyaki

葛烧是将葛粉（葛根中提取的淀粉）、砂糖、豆馅搅拌后蒸，倒入方盒内切成四方形的甜点。外观朴实无华，味道却耐人寻味。

柏饼

柏餅 | kashiwamochi

柏饼是日本端午节的特色点心。外面包着的叶子叫槲叶，和粽子一样，叶子并不食用，吃的是由大米粉做的豆沙馅团子。

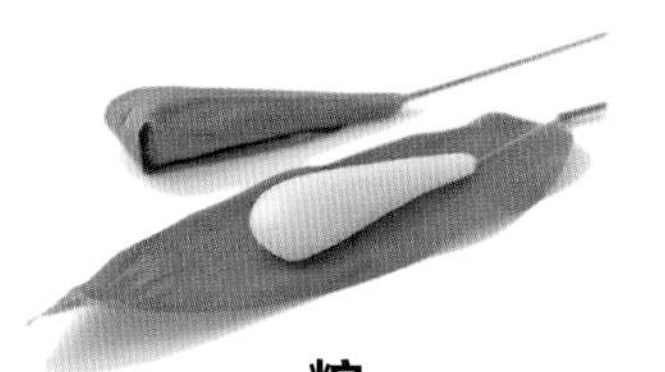

粽

ちまき | chimaki

不同于中国粽子的形状，日本粽子呈尖尖的圆锥形。粽米并非糯米而是大米，清透而无馅。端午节时，日本关东地方多吃柏饼，而关西地方则习惯吃粽。

水无月

水無月 | minazuki

水无月是夏季最具代表性的日式点心。水无月是日本旧历6月的别称。每到6月，古时日本宫中贵族吃冰解暑，老百姓则用白色面饼代替冰块，以期无病无灾。

若鲇

若鮎 | wakaayu

　　鲇在日语里是香鱼的意思，若鲇也叫若香鱼或香鱼烧，是夏季限定的点心。它由面饼煎烤成椭圆形，包卷起求肥（柔软的年糕）馅。

水馒头

水まんじゅう | mizumanjū

　　这个外表透明的馒头叫作水馒头，是由葛粉与糖水一起熬制而成，里面包裹着馅料，如红豆沙馅。

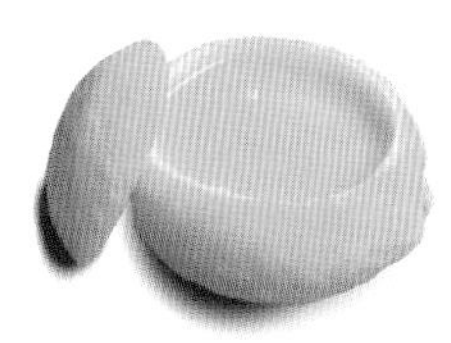

夏柑糖

夏柑糖 | natsukantō

　　夏柑糖是夏季限定的清凉甜点。将初夏收获的夏蜜柑中间果肉取出榨汁，再和糖制成果冻，倒回夏蜜柑的果皮中。味道酸甜，非常可口。

栗金团

栗きんとん | kurikinton

　　栗金团是日本岐阜县的特色高级和果子。长相如同小笼包，可实际上由栗子粉制成，栗子的香甜被完全保留，口感极为细腻。

栗羊羹

栗蒸し羊羹 | kurimushiyōkan

　　在普通羊羹中加入栗子，因其细腻香甜的味道，遂成为羊羹中的精品——栗羊羹。栗羊羹常选用每年秋季 9~11 月期间丹波产的优质大栗。

栗馒头

栗饅頭 | kurimanjū

　　栗馒头外层是由面粉、炼乳、鸡蛋等食材制成的烤制面团，中间含有一整颗蜜渍栗子。外香内甜，是秋天的特色美味和果子。

牡丹饼

おはぎ | ohagi

　　牡丹饼也叫御萩或萩饼，为秋分时节吃的点心。它是一种日本常见的和果子，由大米和糯米揉成小团，外面裹上红豆泥制作而成。

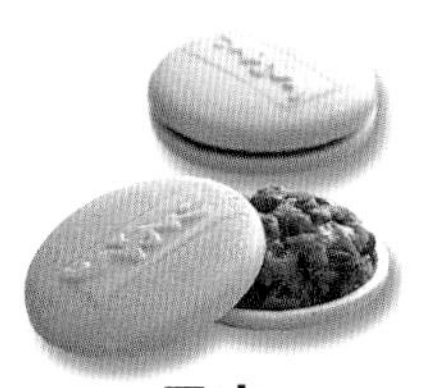

最中

最中 | monaka

　　最中名字取自中秋最中（圆）之月，其外形也酷似圆月。上下两片是烤制的脆饼，中间夹着甜馅，比如红豆馅或栗子。

玄猪饼

亥の子餅 | inokomochi

　　玄猪饼为日本 11 月的一道特色点心，起源于平安时代的玄猪节，该节日旨在祈求子孙无病无灾。玄猪饼由 7 种粉（大豆、小豆、豆角、芝麻、栗子、柿子和糖）制作而成。

和果子的原料

和果子看起来形形色色，多种多样，而制作它们的主要原材料不外乎 3 种：豆类、粉类、糖类。这 3 种原料共同构成了一枚和果子的 90%。除了 3 大主料，和果子可能还会用到一些配料，如蜂蜜、鸡蛋、寒天（海藻中萃取的胶质）、抹茶以及各种水果等。

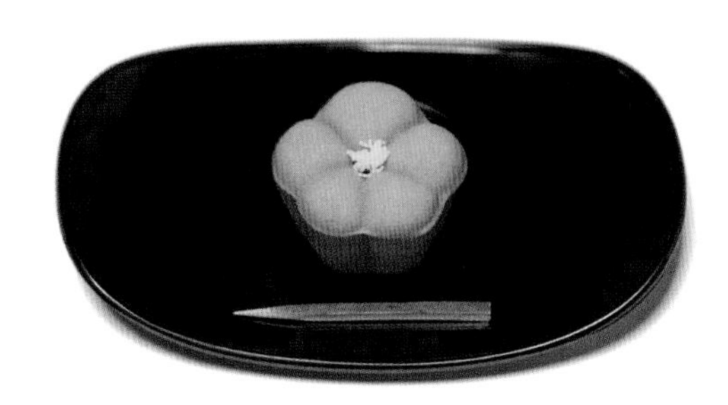

まめ | mame

豆类主要用作馅料。馅是和果子的基础，是和果子的灵魂之所在，一枚和果子美味与否，很大程度上是由内馅决定的。做馅用的豆子主要有 3 种：红豆、白豆和黑豆。其中以红豆最为常见，绝大多数的日式和果子都有红豆馅。

红豆

红豆是运用最多的豆类，日本和果子大多数馅料都是红豆。

最具代表性的红豆当属丹波大纳言，是日本兵库县丹波地区产的顶级红豆。另外北海道十胜产的红豆也属佳品。

白豆

白豆是浅黄色的红豆，是一种极为昂贵的稀有豆子，因栽培困难，产量极低，只有在羊羹等名贵和果子中才会使用。

白豆以日本关西地方以西的备中地区出产的品质最高，另外兵库县丹波和北海道地区也有生产。

黑豆

黑豆是大豆的一种，由于皮上富含花青素，所以呈现黑色。常在黑豆大福、黑豆羊羹中见到用黑豆制作的馅料。

在众多黑豆品种中，最知名的莫过于丹波黑大豆。

红豆被称为“大纳言”的由来：大纳言是日本古时候的官职，相当于古代中国三四品官职。所谓纳言，即向主公谏言的人，“下之建言上纳予三公”，只有正直不阿、极受信任的臣子才能担任，因此大纳言即使在殿中拔刀，也不会受到切腹自尽的惩罚，所以这种煮了也不会肚子裂开的红豆就被赋予了“大纳言”的称号。

こな | kona

粉类是制作和果子的主料，决定了和果子的质感和口感。粉类有大米或糯米做成的米粉、小麦粉，以及各种各样植物块茎提炼出来的淀粉，滋味和口感各有千秋。

上新粉

粳米粉

粳米即大米，粳米粉就是大米磨成的粉，是最常用的粉类，口感柔韧是其特点。

粳米粉的细分种类还有：上新粉（精白米制的粉）、上用粉（比上新粉更细）等。

道明寺粉

糯米粉

糯米粉则是米粉的另一大类，口感细腻黏糯。

糯米粉的细分种类有：白玉粉、饼粉（求肥粉）、道明寺粉（糯米蒸后，使其干燥碾成粗粉）、新引粉、寒梅粉、落雁粉等。

葛粉

淀粉

淀粉是由植物块茎制作而成的粉类。

常见的有：片栗粉（马铃薯淀粉）、浮粉（小麦淀粉）、葛粉（从葛根中提炼的淀粉）、蕨粉（蕨根淀粉）、甘薯粉（红薯淀粉）。

とう | tō

日式点心中会使用各种各样的糖，糖类不仅给和果子添加甘甜的滋味，其保水性也让点心变得柔软细腻。

糖类有白色的上白糖、中白糖、白砂糖、白双糖、沙粉糖等，还有黄棕色的三温糖、红糖、黄双糖，另外非常珍贵的糖类还有和三盆糖。

上白糖

上白糖是最常见的糖类，以蔗糖为主要成分，并混入了一定比例的转化糖（葡萄糖和果糖的混合物）。所以上白糖比普通白糖的甜度更高，并且具有更高的保水性，用它制成的和果子口感较为润泽。

红糖

红糖在日本被称为“黑砂糖”，它是由甘蔗汁熬制而成，因其富含矿物质而呈棕褐色，具有浓厚的甜味和强烈的风味。

红糖在 17 世纪时从我国福建传入日本，称为“冲绳黑糖”。

和三盆糖

和三盆糖是以赞岐国（现日本香川县）名为“竹糖”的甘蔗为原料，运用榨酒的手法——在盆上用手搓的方式三度研磨，而制成的高级白砂糖。

以日本德岛县、香川县产的和三盆糖最优。

日本茶浅述

和果子原本是茶道中的茶点，是伴随着茶而生的点心。所以吃和果子时离不开茶，品一口抹茶，吃一口和果子是品尝和果子的正确方式。日本茶和茶道博大精深，这里仅做入门级讲解。

日本茶主要指的是不发酵的绿茶，如煎茶、抹茶、玉露等。茶的大致分类如下：

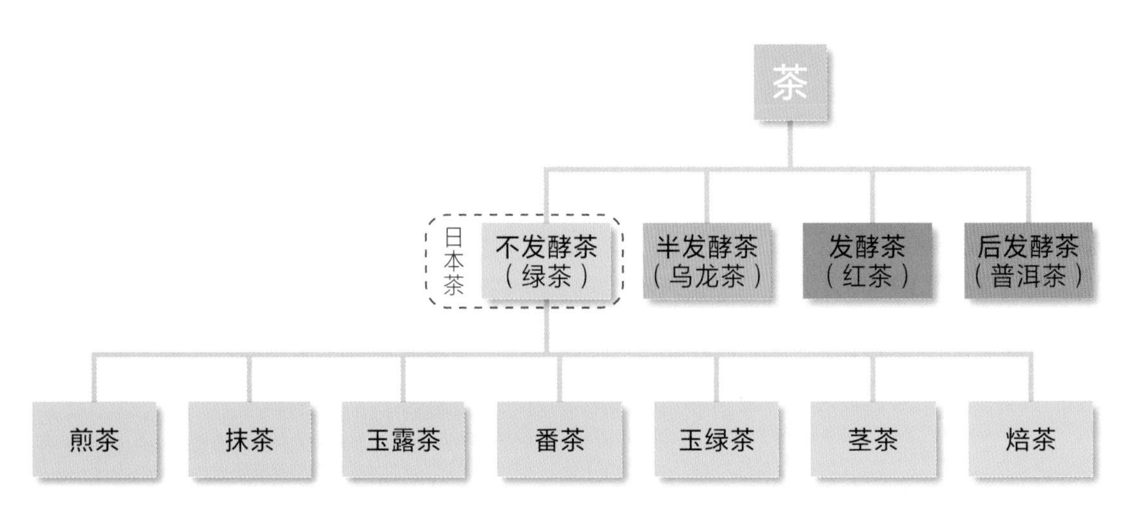

煎茶

煎茶 | sencha

煎茶是日本人最常喝的茶，占据日本绿茶产量的 60%。日文中的“御茶”一般而言指的是煎茶。它是将采自茶树顶端的嫩芽，经过蒸菁后揉制并烘干而成。煎茶带有清爽的香气，达到了甘味与苦味的完美平衡。

抹茶

抹茶 | matcha

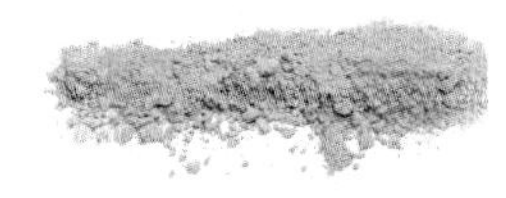

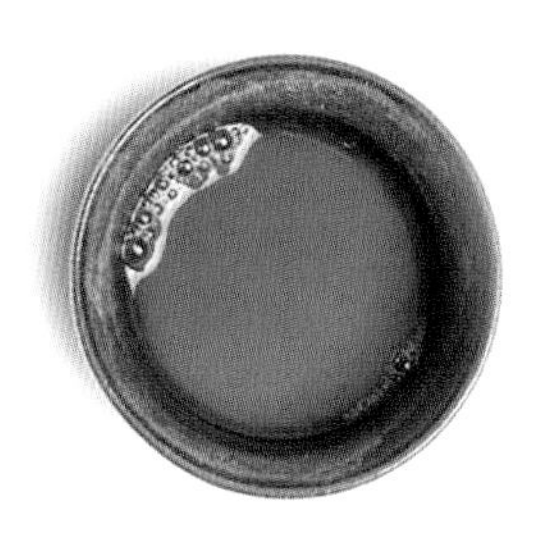

抹茶是最具代表性的日本茶，起源于中国唐朝，常在仪式隆重的茶道、茶怀石中出现。抹茶为碾碎的鲜绿色茶粉末，味道苦涩并带有浓厚的茶香，以宇治抹茶品质最优，每克价格大约 50 日元。

玉露

玉露 | gyokuro

玉露是最高级的日本绿茶，在收获前需覆盖新芽 20 天（被覆栽培），以阻挡阳光照射，减少茶叶的苦涩感。玉露口感柔和甘甜，以 50 摄氏度温水冲泡，茶水清雅，有着独特的海苔香味，即所谓的“覆香”。

焙茶

ほうじ茶 | hōjicha

焙茶是将番茶或煎茶用大火炒至褐色，再冷却而成的茶叶。它通常并非高级茶品，但在日本京都，因传统习俗而常登大雅之堂，在高级料亭和正式场合中频频出现。焙茶呈褐色，有煎焙的香气。

和果子店铺推荐

在优雅的环境中，坐在茶室里品尝一次和果子与抹茶，是去日本旅行时的一项绝佳体验。能够坐下来堂食享用的和果子店叫作“茶寮”，但在日本更多见的还是售卖精致点心的柜台店铺。日本每一座城市都会有当地特色的和果子店，其中以京都的和果子店铺最多且最富有传统。

虎屋

とらや

人均消费：100 元人民币

地点：日本多家分店

拥有 500 多年历史的虎屋是日本传统和果子店中商业化做得较好的一家。一改传统和果子店铺如同隐士一般的形象，虎屋不仅在日本各大百货大楼地下一层都有柜台，甚至还开到了法国巴黎。羊羹是虎屋最负盛名的点心。

啸月

嘯月

人均消费：180 元人民币

地点：日本京都

啸月是日本排名第一、美食评价网站 tabelog 上唯一获得银奖的和果子店。它始建于 1916 年，是京都众多和果子店铺中最年轻的，完全预约制，没有堂食，只能外带，可以预约一盒（4 个或 5 个），里面的内容完全由师傅安排，因此客人只有在取货的时候才能知道里面到底装了什么点心。

川端道喜

川端道喜

人均消费：250 元人民币

地点：日本京都

川端道喜是京都历史最悠久的和果子店，创立于 1503 年。室町幕府后期的战国时代，天皇落魄，道喜居士每日进献“朝饷”，以慰藉天皇的寂寥，至今京都御所仍保留着道喜门。名为“道喜粽”的日式粽子是川端道喜的名产，完全预约制，一捆粽子为 5 支，共 3 900 日元。

鶴屋吉信

鶴屋吉信

人均消费：160 元人民币

地点：日本京都、东京

鹤屋吉信始创于 1803 年的京都，是最著名的和果子店之一。相较于川端道喜和啸月的难预约且无堂食，鹤屋吉信的体验感则友好得多。其京都总店一层为店铺，二层为茶室，还可以参观和果子的制作过程。除去京都的 3 家茶室店，大阪、东京以及千叶也各有茶寮店铺，另外鹤屋吉信和虎屋一样，在日本各大百货大楼的地下一层都有自己的柜台，非常容易买到。

以京观世、柚饼为其特色和果子。

和果子食记

茶寮宝泉 | 体验京都茶道禅意的好去处

地点：日本京都　用时：1 小时

人均消费 135 元人民币

茶寮宝泉地处左京区下鸭神社再往北的一片静谧住宅区里，它是京都排名第二的和果子名店。

它在日本美食评价网站 tabelog 上分数高达 4.0，连续 3 年获得铜奖。与排名第一、只能预约取货且无堂食的的啸月相比，茶寮宝泉不仅无须预约，还能进入日式庭院，面对秀逸的景色，坐下来优雅地品味抹茶与和果子。

在下鸭东本町站下了公交车，走进一条安静的小巷，我的耳边传来的唯有深秋风吹树叶的窸窸窣窣，与天上的乌鸦偶尔发出一两声凄厉的鸣啼。

没走多远，我便望见一栋气度非凡的大宅，门口的小木牌上写着“宝泉”二字。走进典雅的大门，里面已有几人在等位，很难想象如此安静的居民区之间，竟然隐藏着这样一家令众人慕名而来的店铺。在大厅里点过餐后稍等了片刻，我便在玄关处脱了鞋，由穿着和服的女侍者领入。掀开门帘穿堂入室，绕过两面隔扇，再碎步走过一条景观长廊，便到达了隔着玻璃就能看到美丽日式庭院的和室。和室中有几把长桌，排成弧形，每桌客人都能享受到前方颇具禅意的景色。这雅致的画面让人的心灵得到治愈，茶水未上我就已经感受到了和敬清寂的茶道精神。

茶水

京番茶

入座于方形坐垫上，女侍者端上茶水，是温暖的京番茶。京番茶是京都特有的一种煎茶，以铁釜手炒，突出烟熏的香气，再加以大火烘烤。由此制成的京番茶，有着浑厚的炭火风味，层次十分丰富，既像秋天的枯叶，又似焦熏的烟草，微微甘甜，温润可口。

赠送小吃

丹波黑大寿

赠品小吃为一小碟丹波黑大寿。所谓黑大寿，即严选丹波黑豆中最优质、最大粒的豆子，与砂糖、食盐等慢煮而成的小吃。自古以来日本黑豆的最佳产地都是兵库县丹波地区，这几枚小吃非常甜，可口至极，像是在吃蜜枣一般。

我点了宝泉最负盛名的甜点——蕨饼。点完蕨饼需等待将近 20 分钟，才能做好上桌。

和果子

蕨饼

这款宝泉蕨饼被誉为全日本最好的蕨饼，赏味期限只有 20 分钟。侍者在上桌时着意提示“要快速食用”，否则蕨饼将会变得过于黏稠，连筷子都无法夹起。

蕨饼由 5 枚蕨根粉制成的圆团子组成，每一枚都圆润透亮，用筷子夹起时能感受到其年糕一般的弹力。

吃的时候，浇上一小盅冲绳波照间岛产（日本最南端岛屿）的黑蜜汁。蕨饼吃起来黏糯细腻，口感滑嫩有弹性，味道清淡中带着丝丝甜意，十分微妙迷人。

在京都吃过蕨饼无数，而茶寮宝泉的这道，的确堪称我吃过最好的蕨饼。

秋季上生果子套餐

高雄金饨和抹茶

所谓上生果子，即茶道聚会或其他隆重场合使用的正式和果子，常是体现季节的和果子与一碗抹茶的搭配形式。

这枚秋季特色的上生果子名叫“高雄”，是一种“金饨制”点心。所谓金饨制，是以豆沙和求肥（一种糯米面团）作为内馅，外表用筷子一点点黏上条状豆沙的做法。

这道点心如同秋天一般，由红、黄、橙、绿四种颜色组成。豆馅甘甜美味，用一根竹签切下，送入口中，搭配抹茶食用。抹茶香气浓郁，有种让人沉醉的迷人苦味，越喝越上瘾。

和果子

栗汁粉

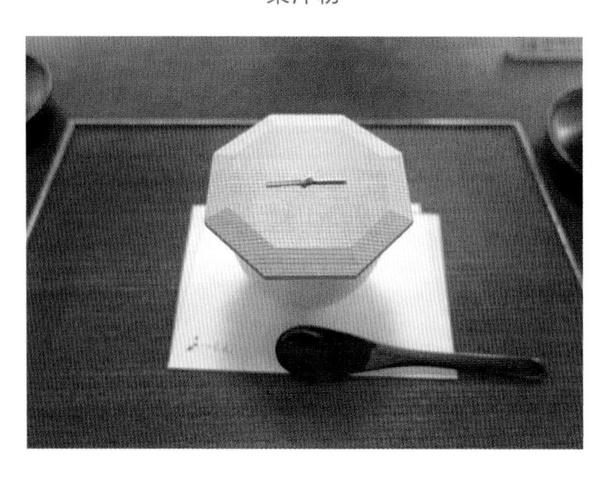

既然是秋天的独特味道，栗子做的点心不可不点。这一带有小木盖的精致杯具里盛放的就是栗子做成的汁粉。打开精致的小木盖，里面是像热粥一样的栗子汁，口感极为香甜、醇厚，粥汁中还有几颗栗果，颗粒大而饱满，又面又甜。

这道栗汁粉所用的栗子是极出名的丹波大栗。丹波地处京都以西的兵库县山区，由于盆地温差小和雾厚，滋补出了这里肥沃的黏土地和纯净的水源，这里产的栗子粒大饱满且香甜。

环顾四周，大多是日本当地人来这里品尝和果子，大家悄声细语，生怕打扰到这里雅致、幽静的氛围。

京都的和果子名店大多都有几百年历史，它们大隐隐于市，在喧嚣中开辟出一片清净，寂寞地守护着几百年来不变的和果子乃至唐果子的味道与配方。

体验日本茶道并不该对和果子或者抹茶的滋味评头论足——抹茶太苦、和果子太甜等。茶道对精神层面的追求远大于口腹之欲。在老店里喝一口抹茶，用竹签签起一块和果子，平复浮躁的内心，感受京都这座古都所散发的浓浓禅意。

純米大吟醸45
獺祭
DASSAI 45

第十三章

さけ | sake

认识日本酒

说到日本美食一定不能不提日本酒，因为伴着美味佳肴，小酌一杯最是惬意。

在日本吃饭，你会发现一个有别于国内的现象和特点，那便是日本餐厅里的酒水很便宜。哪怕是有女将服务的米其林星级高级料亭，翻开酒单，大多数酒水都很平价，一杯梅酒也不过 500 日元，一壶清酒 900 日元。记得有一次我在金泽吃饭，点了一瓶 300 毫升、价格“高达”2 000 日元的当地名酒——加贺鸢，女将还很惊诧，一再向我确认：“你确定要点（这么贵的）这瓶吗？”日本餐厅酒单基本不会乱要价，最多比超市卖得贵一倍，甚至几乎以相同价格售卖，因为他们知道餐厅的主要卖点，是自己那价值几万日元的精品料理。因此每次在日本餐厅喝酒，我都无须惦记钱包，放开了点，一直喝到大满足为止。最让我觉得惬意的是，吃一次饭就可以品尝好几种当地的特色酒，因为酒，乃是一个地方饮食文化的代表。

反观国内的日本料理店，大多都是本着“赚不着菜钱赚酒钱”的思路。一瓶 120 元人民币的“梅乃宿”梅酒放在怀石料理店里就要卖到 700 元人民币一瓶，300 多元人民币的“獭祭二割三分”放到店里就成了高端清酒的代名词，动辄就卖上千元人民币，如果自己带酒还要收 800 元人民币的开瓶费，实在是让人望酒兴叹，只能“给我来一杯白开水就好”。

在日本喝酒的体验好，那在餐厅吃饭时如何点酒呢？日本酒的种类繁多，这章中我将会逐一介绍。首先要知道，大家常说的“sake”，其实并不是清酒的意思，而是所有酒类的统称。真正的日本清酒在日语里写作“清酒”，读音为 seishu。日本酒除了清酒，还有烧酎、梅酒等。

下面为大家介绍最负盛名的 4 种日本酒：清酒、烧酎、梅酒和日本威士忌。

清酒

清酒 | seishu

酒精浓度： 15% 左右

制法： 以大米酿造而成的发酵酒。

饮用方式： 直接喝、冰镇或温饮

清酒可谓日本国酒，它的原料非常单纯，只有大米和水。清酒属于发酵酒，酒精浓度只有 15% 左右，味道甘甜，极易入口，所以会感觉后劲很大。喝的时候常用一个陶制小壶（德利）倒于陶制小杯（猪口）中饮用。

烧酎

烧酎 | shōchū

酒精浓度： 25%~40%

制法： 以红薯（芋）、大麦等为原料的蒸馏酒。

饮用方式： 加冰、兑温水或直接喝

烧酎，在日本某些地方，比清酒还要受欢迎，比如盛产红薯的九州鹿儿岛。烧酎的价格比清酒要便宜很多，因此是居酒屋中的绝佳选择。烧酎属于蒸馏酒，酒精度较高，在 25%~40%，因此日本人惯常兑水喝。

梅酒

梅酒 | umeshu

酒精浓度： 8%~17%

制法： 以清酒或烧酎为底酒，加入梅子泡制而成。

饮用方式： 加冰或兑苏打水

甘甜可口、水果口味、酒精度不高的梅酒，绝对是女生和不爱烈酒人士的最爱饮料。梅酒常用品质最好的纪州产南高梅作原料，泡制几个月甚至几年而成。由酒精萃取出梅子甜中带酸的醇香，是风味绝佳的日本酒。

威士忌

ウイスキー | uisukī

酒精浓度： 40%~50%

制法： 以大麦为原料酿造出来的蒸馏酒。

饮用方式： 兑水、加冰、兑苏打水

虽然威士忌属于“洋酒”，并非传统意义上的日本酒，但由于日本威士忌实在太出色——要知道全球 10 大威士忌中日本威士忌独占 6 席——因此后面也将专门为大家做介绍。

日本清酒详解

喝日本清酒的时候，经常会发现一些令人迷惑不解的专有名词，比如“精米步合”“大吟酿”“纯米大吟酿”“甘口”“辛口”等，下面就为大家详细讲解一下日本酒的基础知识。

酒可分为 3 类

其中日本清酒属于“酿造酒”

酿造酒

清酒、葡萄酒、啤酒

利用酵母把原料中的淀粉和糖进行发酵，产生酒精。

蒸馏酒

烧酎、威士忌、白酒

将酿造酒蒸馏，得到酒精纯度更高的蒸馏酒。

配制酒

梅酒、鸡尾酒、药酒

在酒中加入果实、香料或其他原料，对其进行调和配制而成的酒。

什么是“精米步合”？

我们用精米步合来划分清酒等级。米在酿造之前需要被打磨，打磨得越多，杂质就越少，酿出来的酒越纯净。米粒打磨剩下的部分为“心白”，心白占比就是精米步合，精米步合百分比越低，酒越精制，价格也越贵。比如精米步合 60%，即打磨掉了 40% 的重量，称为“吟酿”。精米步合 50% 以下的酒被称为“大吟酿”，是最高等级的清酒。

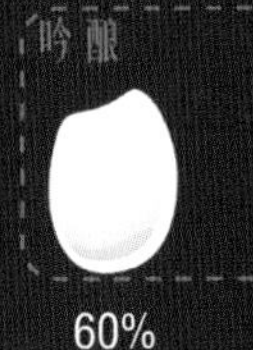

纯米酒 vs 本酿造酒

日本清酒按照有无添加酿造酒精，可以分为纯米酒和本酿造酒两种：

纯米酒——完全不添加酿造酒精，口感醇正、厚重，更加纯净自然。

本酿造酒——更加普遍，少量添加酿造用酒精，酒香突出，更具风味。

两者并无好坏之分，各有各的特点，可以分别品尝一下，看看自己喜好哪种。

所谓“甘口”“辛口”的日本酒度

日本酒的口味，可以根据“日本酒度”来判断，用“-”即负数表示糖含量高，含糖多就是甘口，略带甜味。“+”即正数表示含糖量低，含糖少就是辛口。所谓辛口，并不是辛辣的意思，而是酒味不甜，酒精感更加强烈。

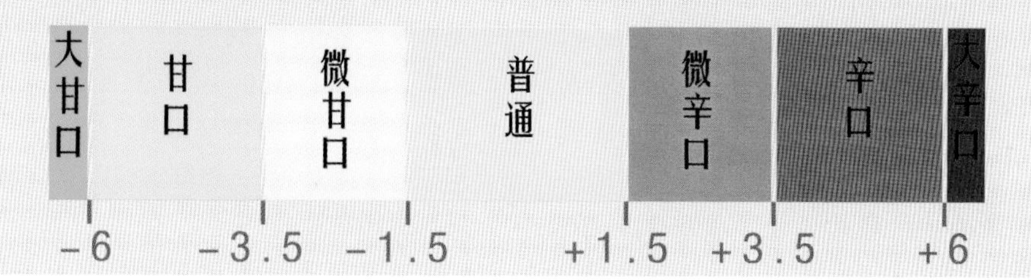

日本清酒如何饮用?

首先在器皿的选择上，最适合日本清酒的是陶瓷或木质酒杯，它们能有效保留清酒细腻的香气和轻润的酒体，同时也利于保温，当然现在也开始流行用玻璃杯。其次在饮用温度上，日本清酒适合直接常温饮用，无须兑水也无须加冰。夏季时，也可 5~10 摄氏度左右冰饮（冰镇而非加冰），而冬季时则可以加热后温饮（约 40 摄氏度）。

清酒讲究年份吗?

清酒是不讲究年份的，不像葡萄酒，会有某个年份收获的葡萄品质较高，而有大年之分。清酒优劣主要取决于大米的品种、水的品质以及酿造技术，因此与年份无关。

另外清酒也不能像葡萄酒那样越陈酒越香。绝大多数清酒都应该在装瓶日期 1 年之内开启，开封之后则要低温保存，并于 5 天之内饮用完毕。

著名清酒品牌

日本清酒种类繁多，全日本北到北海道，南到冲绳岛，一共有超过 1 500 个酒厂，因此挑选的时候很容易眼花缭乱。下面列举一些非常知名的清酒品牌，供大家参考。

獭祭

产地	价格范围
中国地方 · 山口县	200~2 000RMB

说起日本清酒，知名度最高的当属獭祭。它是日本首相安倍晋三的国宴用酒，也是普京 61 岁的生日礼物；是动漫神作《新世纪福音战士》中葛城美里最爱的酒饮，还是优衣库纽约、巴黎新店开业的庆祝用酒。只产纯米大吟酿的獭祭，拥有优雅的花果香味。獭祭的产品有：入门级的“獭祭 50”（精米步合 50%），适合小酌一杯的“三割九分”（精米步合 39%），獭祭最知名、曾轰动一时的“二割三分”以及 2012 年推出的比“二割三分”还高端的“磨之先”。

獭祭全家福

十四代

产地	价格范围
东北地方 · 山形县	2 000~30 000RMB

十四代被誉为“日本清酒之王”，堪称清酒界的“罗曼尼 · 康帝”。它是市场上价格最高的清酒，国际酒评大赛（IWC）受赏名单的常客，还是美食名家蔡澜最喜爱的清酒。十四代的每款清酒产量都极少，并不像獭祭那样想买就能买到。十四代的清酒有着馥郁饱满的果香，甘甜清透的口感，以及最后悠长的尾韵，绝对是玉液琼浆般的美酒。十四代有几十款酒，其中入门级的“本丸”（1 800 毫升），价格达到 3 万日元。中阶则有“白鹤锦”、获国际酒评大赛金奖的“雪女神”、号称小龙泉的“极上诸白”等。十四代最贵的酒，是著名的“龙泉”，单支价格高达 3 万元人民币。酒厂会根据当年米的质量决定是否酿造龙泉，因此极为稀罕。

除最负盛名的獭祭和十四代之外，还有许多清酒品牌的品质并不输这两者，价格还更加容易被接受。日本有很多清酒品牌，由于篇幅有限，还有很多好酒没能写进本书，比如神户市的“菊正宗”、新潟县的“八海山”、石川县的“菊姬”、秋田县的“新政”、静冈县的“矶自慢”等。

黑龙

产地	价格范围
中部地方 · 福井县	100~2 500RMB

黑龙是日本曾经最贵的清酒，它也是响当当的名酒品牌。入门级的“黑龙特吟”（720 毫升）价格只要 1 760 日元，中阶的“黑龙大吟酿”也不过 2 500 日元。而黑龙酒厂的巅峰作品“石田屋”，价格则高达 3 万多日元，其酒体轻盈，入口圆润，因经熟成，回味绵长。

月桂冠

产地	价格范围
关西地方 · 福井县	20~350RMB

始创于 1637 年京都伏见的著名清酒品牌月桂冠，长久以来都是日本五大清酒庄之一，产量极高，畅销全世界。其酿酒用水为日本百大名水之一的“伏水”。月桂冠价格实惠，在日本车站、机场和便利店里随处可见，除了瓶装，还有易拉罐装和纸盒装。酒体丰满，口感柔和。

久保田

产地	价格范围
中部地方 · 新潟县	150~800RMB

新潟县是日本著名的大米产地，这里高品质的大米和清澈的水造就了这里的美酒。大名鼎鼎的久保田便是这里最出色的酒厂，他们使用“五百万石”酒米酿造出香气丰润、清爽利落的好酒。久保田系列有“百寿”“千寿”“翠寿”“碧寿”“红寿”“雪峰”等，其中顶级款为“万寿”。

梵

产地	价格范围
中部地方 · 福井县	100~1 000RMB

梵曾是 1928 年昭和天皇即位大典的仪式用酒，也曾是 1996 年美国前总统克林顿访日时的国宴用酒，清香淡雅，微甘宜人，价格适中。入门级的“特选”、中阶的精米步合达 35% 的“日本之翼”都口感流畅，极具性价比。顶级款为“超吟”，精米步合低至 20%，入口顺滑甜润，酒色清透。

著名烧酎品牌

烧酎和清酒是日本酒中的两大巨头。烧酎主要集中在九州地方，其中由红薯酿造的叫作“芋烧酎”，米酿造的为“米烧酎”，而麦酿造的则为“麦烧酎”。由于烧酎酒精度比清酒高，因此需要兑温水或者加冰饮用，味道清香淡雅，是佐餐的绝佳酒类。

森伊藏

产地	价格范围
九州地方 · 鹿儿岛县	800~4 000RMB

九州鹿儿岛的烧酎（萨摩烧酒）是全日本最出名的，销量遥遥领先。鹿儿岛尤其喜欢用当地特产红薯制作芋烧酎，其中最优秀的三个酒厂被称为“御三家”，分别为“森伊藏”“村尾”“魔王”，其中又以“森伊藏”价格最高，堪称烧酒中的“十四代”。口感柔和醇香，让人一口难忘。

雾岛

产地	价格范围
九州地方 · 宫崎县	70~200RMB

九州东南部的农业大县宫崎县，除了盛产宫崎和牛，还盛产芋烧酎。雾岛酒厂就是这里排名数一数二的酒厂，这家酒厂以日本名山雾岛山脉上矿物质水和红薯为原料酿造烧酎。其产品有爽滑浑厚的“白雾岛”、甘甜得沁人心脾的“黑雾岛”，还有耐人寻味、香气浓郁的“赤雾岛”。

瑞泉

产地	价格范围
九州地方 · 冲绳县	50~200RMB

冲绳泡盛酒（琉球泡盛）是琉球群岛最具代表性的烧酒。所谓泡盛，即以泰国米为原料，用黑麹菌（烧酎为白麹菌）酿造而成的蒸馏酒。瑞泉是冲绳 47 家泡盛酒厂中最为知名的。泡盛酒的喝法大方且随性，除了加冰块和兑水外，还可以加茶、咖啡、奶、水果等。

白岳

产地	价格范围
九州地方 · 熊本县	70~200RMB

以米为原料做成的烧酒，叫作米烧酎。有很多清酒酒厂也会做米烧酎，比如獭祭烧酎。相对于芋烧酎来说，米烧酎更加容易入口，味道中性，代表产区为熊本县。白岳即熊本县米烧酎中产量最大的第一酒厂。兑入苏打水，将酒精浓度降低到 9 度是白岳最顺口的饮用方式。

著名梅酒品牌

梅酒香甜可口，度数低，是对酒精不感兴趣的人士的绝佳饮品，它属于配制酒的一种。原料中的梅子以和歌山县纪州所产的南高梅为酿制中使用最多的品种。梅酒的惯常喝法有 3 种：直接喝（喝前最好放入冰箱）、加冰块（最能突出梅酒的醇香）、兑水（热水或苏打水）。

俏雅

产地	价格范围
关西地方 · 大阪府	30~500RMB

俏雅（CHOYA）绝对是最具知名度的梅酒品牌，几乎占领了日本各大机场和超市，已经成为国人耳熟能详的伴手礼之一。俏雅的梅酒有在便利店就可以买到的 160 毫升小瓶梅酒，还有高阶的类似左图 700 毫升的梅酒，最贵款为 500 毫升的金箔梅酒。

梅酒原料——纪州产南高梅

梅乃宿

产地	价格范围
关西地方 · 奈良县	50~200RMB

梅乃宿酒厂于 1893 年在奈良县西部的葛城山脚下诞生，相比俏雅梅酒将梅子泡进酒里，而酒体本身是清透的，梅乃宿的梅酒则有我更喜欢的“果肉酒”。果肉酒将水果融入酒中，酒体的果肉颗粒感非常强，喝之前需要摇匀，香味会更浓郁。梅乃宿的果肉酒，除了梅子，还有苹果、柚子和桃子等，都非常甜美迷人。

梅乃宿果肉酒

著名日本威士忌品牌

相比苏格兰、爱尔兰、美国等地的传统威士忌，日本威士忌算是最年轻的。日本在 1923 年才成立第一家山崎蒸馏所，学习苏格兰威士忌的酿造技术，开始酿造属于本国的威士忌。但日本人追求极致，经过近百年的努力，最终将日本威士忌推向了“世界第一威士忌”宝座，因此日本威士忌是非常值得品尝的酒。

响

产地	价格范围
关西地方 · 大阪府	700RMB 以上

三得利是日本最大的酒企，它在日本威士忌界可谓一家独大。如雷贯耳的响（響）是日本威士忌的代表款。这款酒由 12 种麦芽和谷物威士忌调和而成，是全世界调和威士忌中的王者。

响除了普通款，还有更昂贵的年份系列，分 12~30 年。其中“响 12 年”最轻柔甜美；带有植物辛香的“响 17 年”口感醇厚，典雅浓郁；“响 21 年”则更加华丽圆润，充满了花香气息；而“响 30 年”那来自雪莉酒桶的强烈木香弥漫齿额，甘甜芳香，余韵回荡。

山崎

产地	价格范围
关西地方 · 大阪府	700RMB 以上

山崎是三得利于 1923 年建造的第一家日本威士忌蒸馏所。因此山崎即日本第一支威士忌，同时也是最具代表性的那一支，常年获得单一麦芽威士忌金奖。山崎也分年份，10~50 年不等，其中“山崎 50 年”单一麦芽威士忌被誉为“日本威士忌”的巅峰，一瓶的拍卖价格高达 238 万元人民币。

轻井泽

产地	价格范围
中部地方 · 长野县	50 000RMB 以上

若问哪一支威士忌能被誉为世界上最珍贵、最传奇的，那非轻井泽莫属。被誉为“威士忌中的罗曼尼·康帝”的轻井泽，屡屡刷新威士忌的拍卖记录。2000 年轻井泽蒸馏厂停产，可它的酒从那之后频频获奖，身价大涨，成为神一般的存在。轻井泽酒味浓郁，有强烈的泥煤风味。

日本酒专卖店推荐

说了这么多酒类，那么如何品尝呢？在日本除了在餐厅吃饭的时候可以点酒，许多专门的酒类超市也可以买到各类酒，另外直接探访酒厂或在酒厂的直营店里品尝也是不错的选择。

YAMAYA

やまや

地点：日本多家分店

在日本买酒，最方便的地方自然是酒类超市。YAMAYA（注意不是雅马哈）在日本有 300 多家分店，东京、大阪、京都等大城市皆有，从啤酒、清酒到葡萄酒、威士忌都可以买到。除此之外，类似的酒类超市还有利客山酒行（LIQUOR MOUNTAIN）、信浓屋以及网上超市乐天市场等。

三得利 · 山崎蒸馏所

サントリー 山崎蒸溜所

地点：日本京都近郊

直接前往日本各大酒厂，是品尝和了解日本酒的绝佳途径。不过酒厂往往坐落于人迹罕至的农业大县，而最接近大城市的有名酒厂，便是位于京都与大阪之间的山崎蒸馏所。在这里仅需花点儿钱就可以品尝一杯价格已经炒到很高的传奇名酒——“响 30 年”“山崎 25 年”“白州 25 年”。

附录

附录一 日本米其林三星餐厅

如何找一家好餐厅？最简单的方法便是参考权威的美食推荐指南。其中最经典的便是《米其林红色指南》，这是法国米其林轮胎制造公司从 1900 年就开始出版的旅行资讯小册子，现在已经成为世界上最权威的美食评价体系。爱好美食的法国人从自己的家乡开始评起，后来扩展到其他大洲，2005 年评到美国，又于 2007 年评到日本，2016 年评到中国大陆。最好的餐厅被标以星级，只要达到星级就已经是非凡的成就，其中三星为最高，代表全世界顶级的料理，即“卓越的烹调，值得专程造访”。2020 年全日本约有 700 家米其林星级餐厅，其中三星有 30 家左右。

其实并不建议日本料理初尝者上来就去米其林三星餐厅，因为在没有足够多相同类型的普通餐厅的阅历和经验做对比的情况下，或许并不会觉得米其林三星餐厅有多么好吃，甚至可能有些失望。当然，如果好不容易有一次机会去趟日本（比如蜜月旅行），还想在行程中品尝一次顶级大餐，那么米其林三星餐厅也是非常值得前往的。

下面为大家整理出日本 2020 年的米其林三星餐厅，方便诸位查阅[①]。

餐厅名称	地点	类型	人均价格（RMB）
神楽坂 石かわ	东京	日料	2 000
麻布かどわき	东京	日料	3 600
かんだ	东京	日料	2 800
虎白	东京	日料	1 300
まき村	东京	日料	2 000
麻布 幸村	东京	日料	2 650
龍吟	东京	日料	2 900
鮨 よしたけ	东京	寿司	1 500
カンテサンス	东京	法餐	2 000
ガストロノミー ジョエル・ロブション	东京	法餐	3 000
ロオジエ	东京	法餐	2 250
すきやばし次郎 *	东京	寿司	2 700
鮨 さいとう*	东京	寿司	1 850
柏屋 大阪千里山	大阪	日料	1 750
太庵	大阪	日料	1 300
HAJIME	大阪	西餐	3 900
飯田	京都	日料	2 800
菊乃井 本店	京都	日料	1 500
京都 吉兆 嵐山本店	京都	日料	3 000
祇園 さゝ木	京都	日料	1 300
なかむら	京都	日料	2 000
瓢亭 本店	京都	日料	1 900
前田	京都	日料	2 100
未在	京都	日料	3 200
こま田	三重县	寿司	1 300
鮨 土方	名古屋	寿司	1 300
右江田	名古屋	寿司	1 200
季節料理 なかしま	广岛	日料	1 100
日本料理 山崎	富山县	寿司	1 000
鮨 行天	福冈	寿司	1 800
鮨 さかい	福冈	寿司	2 100

* 由于“熟客制”，这两家店已于 2020 年被米其林除名。

① 本页所列餐厅店名均使用原名，下页同。——编者注

附录二 日本 tabelog 金奖餐厅

除了《米其林红色指南》，还有一个非常权威的美食评价网站，那便是日本最大的美食评价网站——tabelog。相比米其林对美食的评价大多是以西方人（法国人）的口味和眼光，tabelog 则更加日本本土化，它类似中国的“大众点评”，将绝大多数餐厅都收录进来，让广大消费者来评分，满分是 5 分，4 分以上就是极高的分数。tabelog 最有参考价值的是它每年一度的“The Tabelog Award”（tabelog 奖）评选，获奖等级分为金、银、铜三奖，2020 年总计 624 家店获奖，其中金奖全日本只有 34 家，可以理解成米其林三星等级。

下面为大家整理出来 2020 年 tabelog 金奖的受赏店：

餐厅名称	地点	类型	人均价格（RMB）
銀座 しのはら	东京	怀石料理	2 100
新ばし 星野	东京	怀石料理	1 600
松川	东京	割烹料理	2 000
日本橋蛎殻町 すぎた	东京	寿司	1 200
三谷	东京	寿司	2 000
鮨 あらい	东京	寿司	1 700
鮨 さいとう	东京	寿司	1 850
鮨 なんば 日比谷	东京	寿司	2 300
東麻布 天本	东京	寿司	1 800
レフェルヴェソンス	东京	法餐	1 400
カンテサンス	东京	法餐	2 000
CHIUnE	东京	创意菜	3 400
鳥しき	东京	烧鸟	360
本湖月	大阪	怀石料理	1 500
コントワール フー	大阪	法餐	4 000
ほうば	大阪	韩国料理	1 500
飯田	京都	怀石料理	2 800

餐厅名称	地点	类型	人均价格（RMB）
富小路 やま岸	京都	怀石料理	1 800
緒方	京都	怀石料理	3 000
草喰 なかひがし	京都	京料理	1 200
京天神 野口	京都	京料理	1 400
旬席 鈴江	京都	割烹料理	4 000
道人	京都	割烹料理	1 500
にくの匠 三芳	京都	牛料理	3 100
やまぐち	京都	意大利菜	2 100
アカ	京都	西班牙菜	1 500
日本料理 たかむら	秋田县	怀石料理	1 100
比良山荘	滋贺县	怀石料理	2 000
すし処 めくみ	石川县	寿司	2 300
柳家	岐阜县	乡土料理	1 200
にい留	爱知县	天妇罗	2 000
野嵯和	爱知县	怀石料理	1 500
鮨 さかい	福冈	寿司	2 100
天寿し 京町店	福冈	寿司	2 200

附录三 用餐常用日语对话

日本是一个很国际化的国家，在大城市的高级料亭里用英语交流基本不会有障碍。不过如果在小地方的餐厅或居酒屋吃饭，当地日本人的英文水平可就难以恭维了。这时稍微掌握一点日语，可以让你在日本旅行时游刃有余。

kon ni chi wa
こんにちは（你好）

su mi ma sen
すみません（不好意思）

a ri ga tō go za i ma su
ありがとうございます（谢谢）

ha i　i i e
はい / いいえ（是 / 不是）

dai jō bu
大丈夫（没关系 / 不用）

o su su me wa nan de su ka
おすすめは何ですか（有什么推荐的吗）

shashin o to tte mo i i de su ka
写真を撮ってもいいですか（能拍照吗）

ko re wa nan de su ka
これは何ですか（这是什么）

chūgokugo no me nyū
中国語のメニュー（中文菜单）

oi shi i
美味しい（好吃）

to i re wa do ko
トイレはどこ（厕所在哪儿）

che kku
チェック（买单）

ichi ni san yon go
1 / 2 / 3 / 4 / 5

mizu o kudasa i
水を下さい（请给我杯水）

sā bi su
サービス（赠送服务）

o ka wa ri
御代わり（再续一杯 / 碗）

ko re ni shi ma su
これにします（我点这个）

o yu
お湯（热水）

i i de su yo
いいですよ（可以）

i ta da ki ma su
いただきます（我开吃啦）

cho tto ma tte
ちょっと待って（等一下）

go chi sō sama de shi ta
ご馳走様でした（谢谢款待）

ki re i
きれい（漂亮）

i ku ra de su ka
いくらですか（多少钱）

附录四 常见食材日中对照速查表

日语	读音	中文
鯵	aji	竹荚鱼
赤貝	akagai	赤贝
赤鯥	akamutsu	喉黑鱼
甘鯛	amadai	甘鲷
甘海老	amaebi	甜虾
穴子	anago	星鳗
鮑	awabi	鲍鱼
鮎	ayu	香鱼
牡丹海老	botanebi	牡丹虾
鰤	buri	鰤鱼
大根	daikon	萝卜
泥鰌	dojō	泥鳅
豌豆	endō	豌豆
河豚	fugu	河豚
蕗	fuki	蜂斗菜
鮒	funa	鲫鱼
がり	gari	姜片
牛蒡	gobō	牛蒡
胡麻	goma	芝麻
ぐち	guchi	黄花鱼
蛤	hamaguri	文蛤
鱧	hamo	灰海鳗
羽太	hata	石斑鱼
平政	hiramasa	黄鰤鱼
鮃	hirame	比目鱼（左口鱼）
北寄貝	hokkigai	北寄贝
蛍烏賊	hotaruika	萤鱿
帆立	hotate	扇贝
いか	ika	乌贼
イクラ	ikura	三文鱼子
稲荷	inari	豆皮
伊勢海老	iseebi	伊势龙虾
鰯	iwashi	沙丁鱼
南瓜	kabocha	南瓜
蕪	kabu	芜菁
梶木	kajiki	旗鱼
蟹	kani	螃蟹
間八	kanpachi	红鰤鱼
鰈	karei	鲽鱼（右口鱼）
鰹	katsuo	鲣鱼
鰹節	katsuobushi	鲣节
喜知次	kichiji	金吉鱼
金目鯛	kinmedai	金目鲷
鱚	kisu	鱚鱼（沙梭）
昆布	konbu	昆布
鰶	konoshiro	鰶鱼
栗	kuri	栗子
車海老	kurumaebi	斑节虾

日语	读音	中文
胡瓜	kyūri	黄瓜
真牡蠣	magaki	牡蛎（生蚝）
真鯒	megochi	牛尾鱼
鮪	maguro	金枪鱼
舞茸	maitake	舞茸
松茸	matsutake	松茸
明太子	mentaiko	明太子
味噌	miso	味噌
茗荷	myōga	茗荷
海鼠	namako	海参
茄	nasu	茄子
葱	negi	葱
人参	ninjin	胡萝卜
鯡	nishin	丁香鱼
オクラ	okura	秋葵
蓮根	renkon	藕
鯖	saba	青花鱼
鮭	sake	鲑鱼
鮫	same	鲨鱼
サーモン	sāmon	三文鱼
秋刀魚	sanma	秋刀鱼
山椒	sanshō	胡椒
薩摩芋	satsumaimo	红薯
鰆	sawara	马鲛鱼
鱵	sayori	针鱼
栄螺	sazae	螺
蝦蛄	shako	皮皮虾
縞鯵	shimaaji	大竹荚鱼
白子	shirako	白子
紫蘇	shiso	紫苏
鱸	suzuki	鲈鱼
太刀魚	tachiuo	带鱼
鯛	tai	鲷鱼
筍	takenoko	笋
蛸	tako	章鱼
玉子	tamago	鸡蛋
鱈	tara	鳕鱼
トマト	tomato	西红柿
鳥貝	torigai	鸟贝
豆腐	tōfu	豆腐
鰻	unagi	鳗鱼
うに	uni	海胆
和牛	wagyū	和牛
蕨	warabi	蕨菜
山葵	wasabi	山葵（芥末）
山芋	yamaimo	山药
ゆば	yuba	豆腐皮
柚子	yuzu	柚子

附录五 日本餐厅预订网站

想要吃一顿米其林星级大餐，直接闯入恐怕是吃不到的，因为这些高级餐厅大多都需要预订。最便捷的方式当属委托下榻的酒店礼宾部帮忙预约，但这通常对下榻酒店的级别有一定要求（例如半岛、丽思卡尔顿等）。

如果入住的酒店没有礼宾部或酒店不能代预约的话，也可通过某些网站代预约，如“大众点评”推出了代预约服务（有时是第三方商户）。另外还有一些专门提供日本餐厅预订的网站，尤其是最近这几年，这类网站如雨后春笋般发展壮大。下面就分享几个我常用的餐厅预定网站。

Pocket Concierge

网址：pocket-concierge.jp/zh

在这个网站上可以预定400多家高级餐厅，以东京为主，还有关西、北陆、九州和北海道等地方的许多名店。语言友好，有中、英、日三种文字，缺点是浏览餐厅需要一页一页翻，筛选选项较少。在这个网站可以订到的名店有：龙吟（东京）、瓢亭（京都）、弧柳（大阪）、中岛（广岛）、鮨さかい（福冈）等。

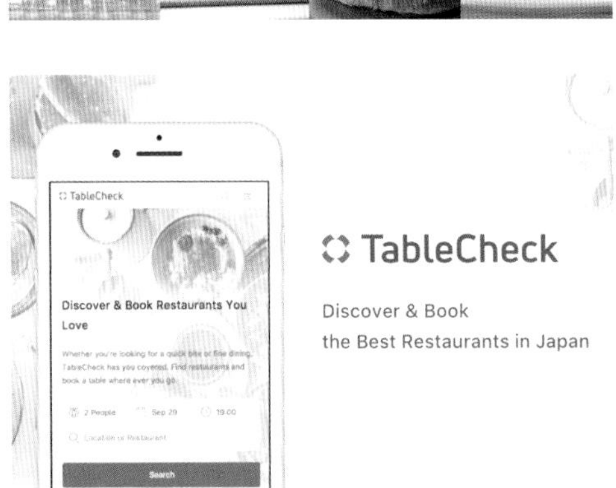

TableCheck

网址：tablecheck.com/zh-CN

TableCheck 更偏向于普通餐厅的预订，多是烤肉、火锅等，它不仅可以在电脑网页端使用，还可以用手机 App（应用程序）。只不过筛选选项更少，主要是基于距餐厅的距离，且需要指定具体时间，因此是在日本境内临时选择吃什么时的预定好助手。可预订的名店有：是山居、Joël Robuchon。

TABLEALL

网址：tableall.com

这个网站界面友好，餐厅的米其林星级、价格都一目了然，不过可惜只能显示英文，因为日本餐厅的英文可是很难看懂，比如京都的菊乃井本店，你在预订时需要知道其英文是“Kikunoi Honten”。除此之外，千花（京都）、鮨よしたけ（东京）、青空寿司（东京）等名店也可以在这个网站上预定。

后记

几年前的一天，和朋友一起吃寿司，他一边大快朵颐一边问东问西，我在旁边为他科普、解答，直到当他问及有没有什么日本料理的入门书籍可以推荐的时候，我才猛然发现市面上写给厨师们看的日本料理制作菜谱类书籍比比皆是，然而写给普通“吃货”们看的日本料理入门品鉴类书籍却寥寥无几，沉吟片刻，我实在想不出有哪一本书特别适合日本料理初学者，于是突发奇想——干脆自己写一本得了。

从那时起，为了完成这本书，我花了两年时间，驻足国内各城品尝日本料理，寻访了许多店铺和市场；往返日本不下十数次，探访了从海边到乡间的各色料理。在积累素材的同时，我自己也收获颇丰，边走边写，边吃边记，边食旅边查阅，边攀谈边感悟，这些对我而言，都是难得的宝贵经历。

写这本书的最大目的，就是希望让更多的人对日本料理吃什么、怎么吃、如何品，能有所入门。因此这本书更加注重日本料理中简明的常识和饮食的体验，而非侧重科学和学术方面。比如书中鱼类的英文名并没采用准确却晦涩的学名，而是采用日本厨师（英文水平通常不高）常对外国客人们说的口头英语。一些词汇的解释也化繁为简，没有进行深入的探究，所以难免会有疏漏和不准确之处，还请认真和专业的读者海涵。

其实我和大家一样，是个美食爱好者，只不过更急切与大家一起分享品尝日本料理的认知与快乐。如果这本通俗的美食读物，能够让各位从中也体会到日本料理一直以来给我带来的喜悦与享受，哪怕只有一点点，那也是我最大的荣幸。

王奕龙

注：本书内文部分图片来源为 PIXTA、SHUTTERSTOCK、Depositphotos，部分字体来源为字魂网（字魂 55 号 – 龙吟手书）。